宽容

心灵的气量

墨　涵◎著

台海出版社

图书在版编目（CIP）数据

宽容：心灵的气量 / 墨涵著. —北京：台海出版
社，2018.10
  ISBN 978 - 7 - 5168 - 2123 - 7

  Ⅰ.①宽… Ⅱ.①墨… Ⅲ.①个人－修养－通俗读物
Ⅳ.①B825－49

  中国版本图书馆 CIP 数据核字（2018）第 219832 号

宽容：心灵的气量

著　　者：墨　涵

责任编辑：王　艳　　　　　　责任印制：蔡　旭

出版发行：台海出版社
地　　址：北京市东城区景山东街 20 号　邮政编码：100009
电　　话：010－64041652（发行，邮购）
传　　真：010－84045799（总编室）
网　　址：www. taimeng. org. cn/thcbs/default. htm
E - mail：thcbs@126. com

经　　销：全国各地新华书店
印　　刷：香河利华文化发展有限公司
本书如有破损、缺页、装订错误，请与本社联系调换

开　　本：710mm×1000mm　　1/16
字　　数：182 千字　　　　　印　　张：15
版　　次：2019 年 1 月第 1 版　印　　次：2019 年 1 月第 1 次印刷
书　　号：ISBN 978 - 7 - 5168 - 2123 - 7

定　　价：39. 80 元

前　言

　　著名诗人纪伯伦曾说过："一个伟大的人有两颗心：一颗心流血，一颗心宽容。"宽容是一种积极的人生态度，是摆脱诸多生活困扰的一剂良方；宽容是一种博大精深的境界，是人性中最美丽的花朵。

　　宽，首先表现在眼界要宽。眼界宽了，才能够容人、容物，甚至于容纳这个世界。林则徐曾写过一副自勉联："海纳百川，有容乃大；壁立千仞，无欲则刚。"世界之所以五彩缤纷，是因为它容纳了不同的山川河流、珍禽异兽、奇花异草。为人处世也是同样的道理，只要你学会倾听不同的观点，勇于接纳不同的思想，就能够不断取得进步，进而让自己强大起来。

　　在漫长的人生旅程中，我们难免会遇到一些挫折和困难，也难免会遇到一些误解和不悦，这时候你就要学会宽容。只有懂得宽容，友谊才能够天长地久；只有懂得宽容，爱情才能够甜甜美美；只有懂得宽容，世界才能够和谐美丽。可见，宽容是深藏爱心的体谅，是一种智慧和力量，也是对生命的洞见。一个人的胸怀能容得下多少人，就能够赢得多少人的真心。

宽容是对别人的释怀，也是对自己的善待。一个人如果有一个宽大的胸怀，有一颗容纳万物的心，就能够成就一番事业，快乐而幸福地生活。一个人如果能够做到容他人、容他事、容自己，人生也就达到了一种至高境界。

　　你宽容了别人，就等于宽容了自己。宽容就像细雨滋润大地，带来双重祝福：祝福施与者，也祝福被施与者。可见，宽容是一种美好的品德。

　　本书以宽容为主线，从以下十一个方面阐述了宽容的内涵：宽容就是要胸怀博大、舍得宽容、以情待人、谦忍退让、懂得忘却、不计较、不抱怨、笑对风雨、悦纳自己、宽大忍让、广结人缘。让我们在美德的熏陶中，提升自身的修养和人格魅力，希望我们每个人都学会宽容，如同水一样，以自己的无形包容一切。

　　本书还汇编了古今中外有关宽容的小故事，在讲述每一个故事的同时，还点出故事中的智慧与哲思。如果能在闲暇之时看看这些小故事，或许会让你在阅读之余，得到收获与感动。

目 录

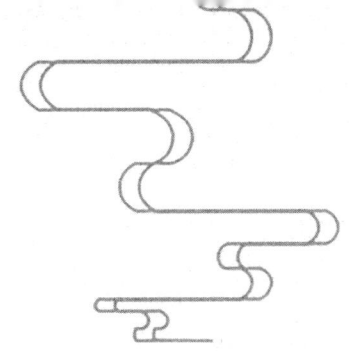

第一章

胸怀博大

——容得下是非，才能获得人生正能量

宽容是一种非凡的气质，也是一种博大的精神。一个人的胸怀能容下多少人，就能赢得多少人的尊重和敬爱。如果你能宽容地对待你的敌人或对手，你就会得到退一步海阔天空的喜悦、人与人之间相互理解的喜悦。宽容，首先要能容人之言，对于批评之言，无论多么尖锐，都要坦然处之。宽容，还要能容人之事。人世间要经历许多事情，但不可能事事如意。所以，世人都需要有一个博大的胸怀，能够用宽大的胸怀去包容别人，这是人生难得的大智慧。能够做到冷静处事、宠辱不惊，这才是容言、容事之根本。

1. 宽容是一种拯救

屠格涅夫曾说过："不懂得宽容别人的人，是不配受到别人的宽容的。但是，谁能说自己是不需要宽容的呢?"是呀，人的一生中，每个人都会有犯错的时候，如果我们只想得到别人的宽容，而不肯以宽容善待他人，总有一天身边的人都会离我们而去。

一个宽容大度的人，内心是充满爱的。不懂得宽容的人，就等于是在自寻烦恼，而懂得宽容的人，得到更多的是和气与愉悦。下面这个故事更能说明宽容的力量。

在为空战英雄举行的盛宴上，士兵们都向自己的将军敬酒。有一位年轻的士兵在斟酒时，不小心将酒洒到了一位名叫乌戴特的将军头上，碰巧这位将军还是个秃头。

顿时，整个会场一片寂静，都在等待这位将军大发雷霆。可是，这位将军非但没有发火，反倒哈哈大笑起来，他轻抚着士兵的肩头说："老弟啊，你是不是看我是秃头，想要用这种治疗方法，让我能再生头发?"将军刚一说完，全场立即爆发出了一片掌声和欢笑声。于是，人们紧绷的心弦顿时松弛下来了，整个盛宴保持了热烈、欢乐的气氛。

心生宽容才有幽默之言，正因这位将军的一句幽默，缓解了原本紧张的气氛。可见，宽容是一座让我们远离痛苦、绝望和愤怒的桥梁，在桥的一端是一个幸福的港湾，那儿充满了平静、喜悦和祥和。既然是这样，为什么我们不选择踏上通往幸福的路途呢?

宽容是一种至上的美德，同时也是人性至善的一个极致。要知道，宽容别人，恰恰是让我们自己的生命得到了宽容，从而拯救了自己，让自己享受到内心那一分祥和。

宽容，不仅是一种慈悲，更是一种修养。如果你不愿宽容别人，就好像扔出一个沾满污迹的回旋棒，它在飞行的过程中，会沾上更多的脏东西，到最后它还是要回到你手里。因此，宽容别人亦即拯救自己。

宽容同时也是人们事业成功的保障。那些懂得宽容待人的商人，必定是生意兴隆、财源滚滚；那些懂得宽容待人的官员，必定会广纳良才，受到人民的爱戴；而宽容待人的人，肯定也是广结良友、人缘尚佳。

人们常说，爱与恨，在一念之间；怨与恕，也在一念之间。正是这简单的一次取舍，决定了你能否走出阴郁，迎来晴空，从而获得轻松和愉快。可见，只要你懂得宽容别人，就等于是在拯救自己。

2. 放下仇恨，才能拥有快乐

在生活中，人与人之间难免会产生矛盾，而化解矛盾的最重要的法宝就是要学会宽容。只要我们拥有一颗宽容的心，就能够将大事化小，小事化无。矛盾是不可避免的，所以我们都需要用宽容来化解矛盾。

矛盾、误会、过错，我们每个人都会有。只要我们拥有一颗宽容的心，严于律己、宽以待人，人与人之间就会越来越和谐。这是一个真实的故事：

从前，有一位老妈妈，是个癫痫病患者，也没读过什么书，家中老伴又生着重病，终日卧床，全家就靠她为别人洗衣服过日子。

老妈妈还有一个 18 岁的儿子，他很乖巧。但是有一天不幸的事发生了，她唯一的儿子在一场营火晚会上厕所时，被一个年仅 16 岁喝醉了酒的青少年用破玻璃瓶给杀死了。当时，老妈妈，连孩子的最后一面都没见着。

失去宝贝儿子的痛苦，让老妈妈有一种"每见必打"的冲动，可是每次她静下心来一想：现在就算把那个 16 岁的青少年打死，自己儿子的生命也挽救不回来。于是她尽量选择不谈、不看、不想，她想随着时间的流逝，来淡忘一切的痛苦，但是她始终无法做到。

三年来，她没有一天能忘掉失去孩子的痛苦，没有一天能好好地睡个觉，没有一天能不去想失去孩子的画面。"仇恨"总是如影随形，这让她痛苦万分。

突然有一天，老妈妈在河边洗衣服，她一边洗一边想："仇人"今年也已经 19 岁了，如果我的宝贝还活着的话，肯定有一个美好的前途，而"仇人"呢？19 岁还待在少年看护所，即使未来走入了社会，他还能有什么发展呢？将心比心，"仇人"的妈妈心里一定也不好受吧？

刹那间，老妈妈有了一个想法，她想去看看这个"仇人"，可是身边的家人和朋友都极力阻止。可是老妈妈坚持要去看看这个孩子，在朋友的安排下，她到看护所看到了那个"仇人"。在"仇人"的要求下，老妈妈有机会跟这个孩子独处。当整个房间里，只有老妈妈和那个"仇人"的时候，那个"仇人"紧紧地抱住老妈妈痛哭了起来，嘴里还直说："对不起，对不起……"这时候，老妈妈在这个年轻人的身上闻到了宝贝儿子的味道……

等那个"仇人"情绪平稳后，他很认真地告诉老妈妈，希望自己出狱后，能有机会把老妈妈当成自己的母亲来照顾，老妈妈听了很欣慰，并且对这个年轻人说，希望他用这份心认真地去照顾自己的家人。

从那以后，老妈妈仍旧为人洗衣谋生养家，但是她心情平稳，晚上倒头入眠，生活中没有太多牵挂。老妈妈放下了仇恨，心中了无牵挂……

这则故事让我们感触很深，当我们的心灵为自己选择了宽恕、放下了仇恨的时候，我们便获得了自由。因为我们已经放下了仇恨的包袱，无论是面对朋友还是仇人，我们都能够赠以甜美的微笑。再看一则故事：

古希腊神话中，有一位力大无穷的英雄叫海格力斯。他从来都是无人能敌所向披靡。因此，他是何等踌躇满志，春风得意，唯一的遗憾就是找不到对手。

有一天，海格力斯走在坎坷不平的山路上时，突然发现路中间有个袋子似的东西很碍脚，于是使劲地踢了它一脚。谁知，那只袋子非但没有被踩破，反而又膨胀了许多。海格力斯非常恼火，于是又举起一根粗壮的木棒向它砸去，可是那东西竟然还在加倍地膨胀，最后大到把路都堵死了。海格力斯无计可施，只好坐在路边唉声叹气。

正在这时，一位智者从山中走了出来，看见海格力斯蹲在地上一副不开心的样子，于是关切地问："年轻人，发生什么事了吗？"

海格力斯告诉智者说："这个东西很可恶，存心跟我过不去，把我的道都给堵死了。"智者立刻明白了一切，意味深长地对海格力斯说："年轻人，你快别动它，把它忘了，离开它远去吧！它叫仇恨袋，如果你不去犯它，它便和最开始时一样小；如果你侵犯了它，它就会一点点膨胀起来，挡住你的去路，与你对抗到底！"

是啊，人们心中的仇恨如同海格力斯所遇到的那个袋子，开始的时候很小。如果你忽略它，它就会自行消亡；如果你老是惦记它，它就会在你心里不断地膨胀。而一个人的心中一旦充满了仇恨，就再也装不下其他东西。在这种状态下，就很容易失去理智，从而做出后悔莫及甚至葬送自己前程的事。所以，千万不要让仇恨占据你的大脑，要多一些宽容。唯有这样，你的人生之路才会少一些坎坷。

生活中，我们每个人难免会与别人产生摩擦、误会甚至仇恨。如果心胸狭窄无法容忍一点点误会，那么他的人生之路是狭窄的。而心胸宽广的人却善于化敌为友，因为他的心里没有仇恨只有宽容，所以他的朋友越来越多，他的人生之路也会越走越宽。一个不肯放弃自己心中仇恨的人，其实就是在跟自己过不去。要知道，一个没有仇恨之心的人，才能够活得快乐。

古语常说："知错能改，善莫大焉。"放下仇恨，宽宏大量，才能与人和睦相处，才会赢得他人的友谊和信任，才会赢得他人的支持和帮助。只有放下仇恨，才能解放自己的心灵。既然如此，我们为何不选择放下呢？

3. 以德报怨才是上策

世间的任何人、任何事都不可能尽善尽美，我们应该学会以德报怨。以德报怨，可以显示一个人的恢宏气度和高尚品格，更是人生的一种最高境界。

无论是在生活还是工作中，唯有以德报怨，才能赢得好人缘。人生在世，人与人之间的交往不可能总是事事如愿，工作中也不可能永远没有不同意见，所以学会以德报怨是非常必要的。

在我们生活的这个社会里，每一个人或多或少会遇到一些不顺心的事，说不准什么时候就会发生争执，说不定下一秒就会闹得不欢而散。这时候，唯有以德报怨才能抚平我们心中的悲痛与仇恨。

威尔·罗杰曾说："我至今没有遇到一个我不喜欢的人。因为每见到一个人，我总是设法赶走使自己产生厌恶心态的情绪，寻找他身上让人喜欢的部分。"如此，成功还会远吗？从以德报怨中获得利益的，不是别人而是你自己。

战国时期，梁、楚两国相邻。梁国边境县的县令一职由一个叫宋就的大夫担任。梁、楚两国都设有边亭，两国边亭的村民们各自种了一块瓜田。梁国的村民十分勤劳，定期给瓜田浇水灌溉，所以他们种的瓜长势很好。而楚国人生性懒惰，间隔几天才给瓜田浇一次水，所以他们种的瓜长势很不好。他们看到梁亭村民种的瓜长得又快又好，起了忌妒心，于是在夜间偷偷潜到梁亭村民的瓜地里去踩瓜秧。

很快，梁亭的村民察觉了这件事，为此非常气愤，就去找宋县令，并提出允许他们也去糟蹋楚人的瓜秧。宋就知道了以后，说："要真这样做了，对你我都没有好处。如果因为别人忌妒你，你就去报复别人，这是一种很偏激的做法！"之后，他派人每晚悄悄地去为楚人浇灌瓜田。

连续好多天，楚人到自己的瓜田一看，发现瓜田已经浇灌过了。就这样，在梁人的帮助下，楚亭的瓜长势一天比一天好起来。楚人感到奇怪，便暗中察访，这才知道是梁人干的。楚国人大受震撼，便将这件事报告给了楚国朝廷。楚王原本对梁国虎视眈眈，但听完此事，感到很惭愧，知道是自己的百姓糊涂，做了错事。同时，楚王对梁国人能暗中忍让感到非常高兴，于是带着丰厚的礼品向梁国边亭的村民道歉，并请求与梁王交往。

后来，楚国与梁国的关系一天比一天融洽，都说这从宋就妥善处理边亭瓜田事件开始的。

从这个故事我们可以看出，只要我们以博大的胸怀去包容一切不如意的人和事，把所有的"怨"转化为"情"。以德报怨是中华民族的优良传统，也是人生的至高境界。

可见，要做到以德报怨，必须要有一颗宽容的心；要想化敌为友，就必须学会以德报怨。因为只有心胸宽广才能够容纳他人，才能把我们生活中的干戈化为玉帛，从而创造美好、和谐的人生。

4. 学会化干戈为玉帛

大千世界，芸芸众生，每个人都反感尖酸刻薄，每个人都渴望能够得到别人的宽容。但是，宽容并不是每个人都能做得到的。

一个国家若宽容，就能把国内矛盾化为解决国内问题的动力，使国力昌盛；一个家庭若宽容，就会把婆媳之间的矛盾化为解决家庭问题的动力，使婆媳和睦、妻贤子孝。可见，宽容给人类带来的益处是不胜枚举的。

人与人相处，难免会有磕磕碰碰。在面对这样的情况时，如果双方都互不相让，互相指责对方，那无疑是火上浇油，矛盾肯定也会越来越激化。殊不知，只要矛盾的双方有一方冷静下来，采用适当的方式来处理问题，很可能就会大事化小，小事化了。因此，要想在人际交往中如鱼得水，就必须学会化干戈为玉帛，进而化解与他人的矛盾。

从前有一个牧场主，养了许多羊。他的邻居是一个猎户，院子里养了许多凶猛的猎狗。而这些猎狗经常会跳过栅栏，跑到牧场里去袭击那些小羊羔。因为此事，牧场主不止一次去找猎户，请求他把自家的猎狗关好，但猎户每次都是口头上答应了，可是没过几天，他家的猎狗又跳进邻居的牧场里，横冲直撞，咬伤了好几只小羊。

后来，牧场主终于忍无可忍了，于是就去找镇上的法官评理。听完牧场主的控诉之后，明理的法官说："我可以亲自去找那个猎户，对他进行处罚，再下令让他把自家的狗锁起来。但如果我真这样做了的话，你就会失去一个朋友而多了一个敌人。那么，你是愿意和敌人做邻居，还是和朋友做邻居呢?"牧场主很爽快地回答："当然是愿意和朋友做邻居了。""既然是这样，你就必须要听我的。如果你按照我说的去做，不但可以保证你的羊群不再受骚扰，还会为你赢得一个非常友好的邻居。"法官交代了一番，牧场主也连连答应。

一回到家，牧场主就按法官所说，挑选了三只可爱的小羊羔，分别送给猎户的三个儿子。孩子们看到这几只洁白温顺的小羊，都如获至宝。每天放学以后，都要在院子里和小羊们玩耍嬉戏。猎户看孩子们如此爱惜小羊，怕猎狗伤害到孩子们的小羊。于是，猎户做了一个很结实的大铁笼，把那些猎狗锁了起来。从那以后，牧场主的羊群再也没有受到过猎狗的骚扰。

看完这个故事，我们从中得到一个启发：如果你和你的朋友发生矛盾，你是会选择用以恶制恶的方式呢，还是用以德报怨的方式，化干戈为玉帛，广结善缘呢? 答案当然是选择后者了。因为只要你怀抱一颗善心，学会宽容忍让，那么，即使天大的矛盾，也会化解于无形。只要你懂得在适当的时候退后一步，就很可能是另外一个境界!

5. 宽容比惩罚更有力量

俗话说："人非圣贤，孰能无过？"人们总会因一时冲动而犯下错误，等他们冷静下来后，就会感到非常内疚。这时候，他们最需要的不是接受惩罚，而是得到别人的谅解和宽容。我们知道，宽容是一种无声的教育。我们在面对他人的错误时，用宽容的态度会比严厉的惩罚更有力量。

在一辆长途汽车上，乘客们在快乐地聊着天。这时候，在山路的一个急转弯处，一名因为无座而站在车厢中部的女乘客，突然感觉有人碰了她一下，随即发现自己的钱包不见了，于是大呼失窃。售票员听完女乘客的倾诉，并没有立刻请司机把车开到附近的派出所，而是对所有的乘客说："大家出门在外都不容易，所以请这位'手快之人'高抬贵手，把钱包放到地上吧。前面就要经过一个隧道，没有人会看见你的，如果你因为这件事而被判几年刑，那就太不值得了。"于是，在长途汽车驶过那个黑暗的隧道后，钱包又重新回到了那个女乘客手中。

我们可以假设一下：如果那位售票员在听完乘客的倾诉后，立即让司机把车开到附近的派出所。那么，这位"手快之人"就很可能会受到法律的惩罚。虽然这么做伸张了正义，惩罚了邪恶，但却让那位"手快之人"失去了改过自新的机会。值得庆幸的是，聪明的售票员没有这么做，她不仅保护了女乘客的财物，而且还给了那位"手快之人"一个改过自新的机会，真可谓两全其美。

　　有一天，一位数学老师正在课堂上给学生们讲解数学题，班里大多数学生都在聚精会神地听讲。突然，从教室后面传来一阵粗犷而有力的男声，正唱着流行歌曲。那声音非常洪亮，所以全班同学都听到了，顿时教室里有一些骚乱，同学们的目光都射向教室后面。数学老师也停下讲解，回头张望是哪位同学在课堂上唱歌。

　　这时候，那位上课走神、情不自禁哼唱的学生从自我陶醉中醒来，顿时觉得有些不好意思。他心想：这下完蛋了，老师肯定要罚他站着听讲了，或许还会让他把家长带到学校，听他训话呢！但出乎意料的是，那位老师非但没有惩罚他，还笑着说："是谁在唱歌还唱得如此美妙？连我都要被陶醉了，因为我也特别喜欢这首歌曲，可是一直唱不好。所以，今天下午我们抽个时间，让这位同学完完整整唱给大家听，怎么样？"顿时，教室里一片掌声。老师又继续对学生们说："那么，现在我们继续解黑板上的这道数学题……"

　　宽容，是做人的一种美德。对于学生而言，宽容不仅是一种美德，还是一种教育艺术。故事中的这位老师，用宽容的态度对待了学生的过失，进而让学生感受到了老师的宽容之心。可见，有时候宽容比惩罚更有力量。当然，不仅仅是老师教育学生需要讲究方法，父母教育孩子也同样需要方法：用宽容代替惩罚，才能给孩子以尊重和耐心。请看下面一则故事：

　　布兰妮是一个既聪明又漂亮的女孩子，但就是有一个缺点——不够诚实。无论遇到大小事，她都喜欢撒谎，不愿意说出真相。为此，她妈妈也一直在想办法帮女儿改掉这个坏习惯。

　　有一天早晨，布兰妮的妈妈接到一个莫名其妙的电话，对方自称是凯瑟琳的母亲，并指责布兰妮妈妈，说她没有管教好自己的女儿，弄得布兰妮妈妈一头雾水。等凯瑟琳妈妈的心情平静下来后，布兰妮妈妈才明白了事情的前因后果。

原来，周末出去度假的凯瑟琳一家回来后发现，家里的玻璃被打碎了，地上、墙上都洒满了打碎的鸡蛋，而这些就是布兰妮带人做的。因为布兰妮的男朋友威尔逊最近和她闹分手，起因就是凯瑟琳，心有怨恨的布兰妮气不过，于是就带了几个朋友来报复凯瑟琳。

布兰妮的妈妈听完凯瑟琳妈妈的讲述，也清楚自己女儿的作风，她开始相信这是女儿的作为，于是她说："等布兰妮回来，我先跟她谈谈，然后再给你回电话，好吗？"等到布兰妮回到家，妈妈问布兰妮："刚才凯瑟琳的妈妈打电话来了，说你把好多鸡蛋扔进了她们的屋子里，你能告诉我到底发生了什么事吗？""没什么事，妈妈。"布兰妮十分肯定地说。"哦，那我知道了，我现在给凯瑟琳妈妈回个电话。"很快，布兰妮妈妈拨通了凯瑟琳家的电话，说："你好，我是布兰妮妈妈，我想你是误会了我女儿，我相信她不会做这样的事情，所以，我希望你能向我和我的女儿道歉，因为你们错怪了她……"

一旁的布兰妮听到母亲这样为自己辩护，顿时觉得无地自容。她觉得她应该把事情的真相告诉妈妈，而不应该让妈妈为自己背黑锅。于是，她做了个手势告诉妈妈挂断电话。妈妈照做了，因为她早就从布兰妮不自然的表情中看出了事实的真相，但是她决定把这个坦白的机会留给女儿。布兰妮含着泪说出了事实的真相，她等着妈妈大发雷霆，但出乎意料的是，妈妈并没有发火，反而跟她讲起自己过去的类似经历。

经过一番推心置腹的谈话后，布兰妮感觉到了母亲的爱与理解，也给了她纠正错误的勇气。于是她勇敢地打电话给凯瑟琳的母亲，承认了错误，并表示愿意为自己所做的一切做出补偿。这件事情之后，布兰妮就真的不再撒谎了。

生活中，我们在对待犯错的孩子时，就应该像布兰妮妈妈一样，给予孩子理解，让他们自己认识自身所犯的错误。如果我们一味以强硬的方式来解决问题的话，往往达不到自己预期的目标，反而使孩子与自己产生隔膜。

生活如同一面镜子，我们如何面对它，它就会如何馈赠我们。虽然我们无法改变命运，但我们可以选择怎样面对现实。所以，当我们遭遇不幸时，一定要学会宽容。因为宽容比惩罚更有力量。

6. 不要苛求他人

著名作家徐璐曾说："不要苛求别人，更不要刻薄自己，这样快乐会很容易。"他用寥寥数语就告诉了我们拥抱快乐、远离抱怨的真谛——不要苛求他人。

到底什么是苛求？简单来说，就是过于严格的、过高的、不合情理的要求。既然是不合情理的要求，自然就没有人乐于接受。

有一对夫妻，丈夫叫大伟，妻子叫小璐。他们结婚没多久，日子还算过得去。大伟在一家软件公司上班，小璐则在家料理家中事务。

有一个周末，大伟因为公司加班，回家晚了一个多小时。刚一进门，小璐就板着个脸抱怨道："你怎么又这么晚才回来？每天我做好了饭还要等你，真受不了！对了，刚才物业公司来人了，又来催咱家交水电费、取暖费了，你发薪了没有呀？""哦，还没有呢，公司最近很忙，经理说……""说什么说呀，你说你一个大男人，一个月才赚那么一点儿钱，每个月家中的开支不够不说，连水电费都总是拖着，让别人追着屁股要，你好意思我还不好意思呢！我一个朋友，她老公跟你是同行，人家参加工作也没多久，现在都做部门经理了！""老拿我跟别人比，你觉得她老公有本事，那你去找他呀，别在我这儿待着。你整天待在家闲着没事，也不干活。我一下班你就跟我摆脸子，让我不痛快，我哪还有心情上班？我当不上经理，都是让你给拖累的。"

"呜呜……"小璐听了丈夫的这番话，号啕大哭起来。一边哭，一边说："这日子没法过了！"大伟看到妻子如此不讲理，一气之下抬腿出门，到外面的小饭馆喝酒去了。可是大伟并不知道，小璐之所以冲他发脾气，是因为她娘家有事需要一笔钱，她想替家里分担点，可是自己家的情况也不乐观，所以只好把烦恼发泄到大伟身上。但她哪里知道，大伟正面临着失业的压力，心情也很不好。面对这样的境况，夫妻俩吵架肯定是在所难免的。

很明显，他们之所以吵架，就是因为缺乏必要的沟通，而他们最不应该的，就是互相苛求、指责对方。大多时候，人们总是只在意自己的感受，而忽略了对方的感受。殊不知，对方也同样需要安慰和体贴。

孔子曾说："比赛射箭不一定要射穿箭靶子，因为个人的力气大小不一样，这是自古以来的规矩。"更何况，衡量箭术的主要标准本来就在于能否射中靶心，是十环还是九环，何必去苛求他能否射穿箭靶呢？

射箭如此，为人处世也是如此。如果你对别人太过苛求，别人也会反过来苛求于你，结果等于你作茧自缚，让自己活得非常累。所以，不管是在生活还是工作中，不管对人还是对事，我们都要多一分理解，少几分苛求。只有这样，我们的生存环境才能宽松，人际关系才不会那么紧张。

对于我们的朋友，我们也不能苛求什么。只要彼此之间是朋友，无论性格、能力、地位与你有着多大的差别，你都应该学会去欣赏、去包容。一定要记住，凡事不必苛求，来了就来了；凡事不必太过计较，过了就过了。可见，生活就是一种简单，心静了，自然就平和了。

7. 心宽一尺，路宽一丈

有句话说得好："择高处立，就平处坐，向宽处行。"对于正在为生活、为事业奔波的我们来说，向宽处行仍是生活至理。只有学会把心放宽，我们的道路才不会拥挤。然而，生活中却总是有一些人在煎熬中痛苦不堪，在抱怨的旋涡中焦躁不安。看下面这个真实的故事：

曾经，有一对恩爱的夫妻，生了一对双胞胎儿子。因为家境殷实，兄弟俩上的是顶级的学校。所以，他们从小就受到了很好的教育。在他们14岁的时候，突然有一天，父亲把两个儿子叫到跟前，问他们："这几年来，你们的大部分时间都是在学校中度过的，你们觉得在学校过得快乐吗？""爸爸，我觉得很快乐。对我而言，学校就如同天堂，在学校的每一天我都是在开心中度过的。"大儿子欢快地说。"为什么呢？难道学校有什么吸引你的地方吗？"父亲笑着问道。"学校的老师各个都和蔼可亲，同学们也都友爱善良，就连学校看门的老大爷每天都是笑眯眯的。每天在这样的学校里学习，所以我感到很幸福、很开心。"听完大儿子的话后，父亲高兴地点了点头，于是又把目光转向小儿子。

"爸爸，我在学校的每一天都觉得是煎熬，每一天都是那么漫长。对我而言，学校就像是人间地狱，我一点儿也不喜欢那儿！""为什么？你不是和你哥哥在同一个学校，同一个年级吗？"父亲奇怪地问。"是的，我是和哥哥在同校同班。但是，我觉得这儿的老师没有一点儿人情味，同学们之间也是钩心斗角。"

又过了几年后，这对双胞胎的人生便有了天壤之别。哥哥在大学毕业后，很快就找到了一份满意的工作，还找到了自己的另一半，他们幸福地恋爱着。没过多久，他们就结婚了，然后生子，一家人过着幸福快乐的生活。

而弟弟呢，大学毕业后不停地找工作，不停地换工作。每一份工作，他干不到几个月就辞职了。在工作中，他不停地抱怨自己的工作不理想，公司领导不赏识他，同事也排挤他；在生活中，他不停地抱怨自己的女友不够优秀，不会过日子，学历不高，长相不行……正是他不断的抱怨，不仅让他失去了工作，还丢掉了女朋友。也正是他自己，把好好的生活弄得一团糟。

处在同样的生活环境中，接受着同样的教育，面对着同样的老师、同学，兄弟俩之间为什么会有如此大的差别呢？最关键的因素就在于，哥哥心胸开阔，凡事都往美好的一面看，所以他的生活也是美好的。而弟弟呢，心胸狭窄，凡事总是只看到阴暗的、消极的一面，所以他的生活就每每不尽如人意。

俗话说："天外有天，人外有人。"这就告诉我们，为人处世一定要懂得谦卑，学无止境，强中自有强中手。我们每个人力所能及的非常有限，千万不可以自恃清高。

即使我们有能耐到达金字塔的顶端，但我们品味到的未必是幸福和满足，也许会是"鹤立鸡群"的孤独，也许会是"高处不胜寒"的烦恼。

凡事将心放宽，人生才会海阔天空。

在一个炎热的午后，一辆公交车到站了。司机刚一打开车门，已经在站台上焦急等待了许久的人们便蜂拥而上，最后只剩下一位老人拄着拐杖慢慢上了车。

很快，又一个站到了，这一站竟然没有人下车，但是又上来好几个乘客。这么热的天，人们又挤在这样一个小小的公交车里，顿时公交车里像一窝蜂。"路远的乘客向后走，向后走……"司机在叫喊着，然后把车门关上了。但是，有一些乘客脸贴着车窗的玻璃，手蜷在一处，始终保持一个姿势，一动也不动。任凭司机叫喊着往后走，他们也不予理睬。"你踩着我的脚了！""你的东西压着我了！"……只听门口的几个年轻人嘴里嘀咕着。

"年轻人，把心放宽些，就不挤了。"这时候，不知从哪儿传来一个低沉的声音。闻声看去，居然是那位被挤到一角的拄着拐杖的老人。顿时，车厢里一片寂静，连人们呼吸的声音都能听得很真切。

一位名人曾经说过这样一段话："也许在很久以前，有人伤害了你。而你至今也忘不了那件令你痛苦的往事，这就表示你还在继续接受那个伤害。其实你是很无辜的，因为你并不是这个世界上唯一有过这种经历的人。所以，只有你忘掉这段不愉快的记忆，才能释放你自己。"

心宽的人，人生之路就会越走越宽阔，日子也会越过越红火；而心胸狭窄之人，人生之路自然会越走越狭窄，日子也会越过越没有生机。由此可见，心宽一尺，路宽一丈。在现实生活中，把心放宽，对我们是大有益处的。

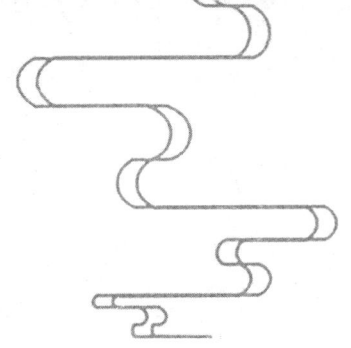

第二章

舍得宽容

——处世的哲学，做人的艺术

　　宽容，是人与人之间的信任。宽容可以使友谊更加深厚，使积怨得以化解，使家庭更加和谐；宽容能使人生跃上新的台阶，从而带来良好的人际关系，利己利人，这便是宽容的力量。我们每个人都需要有一颗宽容的心去容纳一切人和事，微笑着去宽容他人，平和地善待自己，才能拥有一个幸福美好的人生。可见，宽容既是建立良好人际关系的一大法宝，也是快乐生活的一项重要法则。"海纳百川，有容乃大"，做人就应该有海一样的胸怀，海一样的气度。只有这样，才可以获得生活之快乐，成就千古之伟业。

1. 有容方能成大器

人们都说："人有容、心有容，乃大成。"通俗一点儿讲，"容"就是一个容器，它可以装很多东西，装得多才会成大器，才会有大成。"人有容、心有容"，就是要求我们宽广自己的胸怀，扩大自己的眼界，进而丰富自己的文化、知识和底蕴。

"海纳百川，有容乃大。"意思是说，一个人要有气度，能容纳，才可成大器。确实如此，一个人如果没有坦荡的胸怀、宽广的心境、恢宏的度量，终究是难以成大器的。古今中外，莫不如此。

春秋时期，有一天，楚庄王宴请群臣。席间有美女载歌载舞，桌子上摆满了美酒佳肴，一直喝到天黑，仍未尽兴，就点上蜡烛继续喝。屋子里烛光摇曳，楚王看到如此热闹的场景，兴奋之际还命令他宠爱的美人向各位大臣敬酒。

一时间所有的人都沉浸在热闹的气氛当中。这时候，突然一阵狂风刮来，把所有的蜡烛都吹灭了，屋子里漆黑一片。这时，席上一位官员乘机摸了一下美人的手。美人一甩手，扯断了他的帽带，然后匆匆回到位子上，并悄悄地告诉楚王："大王，刚才有人调戏我，情急之下我扯断了他的帽带，你赶快叫人点亮蜡烛，看看到底是谁没有帽带，就知道是谁欺负我了。"

楚王听了，非但没有命令手下人点燃蜡烛，而是大声地向各位臣子说："今天晚上我只希望在座的所有人都开心，也希望与各位一醉方休。现在，我请大家把帽带扯下来，今晚我们痛饮一场。"众人们都拍手叫好，也不再拘束自己了，纷纷扯断帽带，然后点灯喝酒，最后尽兴而散。

三年后，楚国与晋国交战，其中有一名健将独自率领几百人为三军开路，一路过关斩将，打败了晋军。后来才知道，这个人就是当年调戏美人的那一位大臣。原来当楚庄王替他解了围后，他就一直想报恩于楚庄王，并发誓今生只效忠于楚庄王一人。

故事中的楚庄王如果跟那个大臣剑拔弩张，甚至大动干戈，可能结局又是另一个样子。

回顾一下历史，齐桓公能够不计管仲一箭之仇，任用管仲为相，让他管理国政，最终成就了霸业；李世民能够不计当年魏征曾劝谏李建成杀掉他的前嫌，又重用了魏征，最终开创了盛世。

设想一下，如果这些霸主没有大度量，当时那些身负聪明才智的谋士们能有几个会愿意为其效力的呢？也许他们可以凭借当时的权贵成名，但终究是难以成为有用之大器的。

战国时期，赵国有一个叫蔺相如的大臣，由于屡次护驾有功，深得大王的器重，所以官职一路上升。这便引起赵国大将廉颇的忌妒与不满，便处处与蔺相如作对，扬言一定要使他难堪。但是，蔺相如在面对廉颇一次次的无理取闹时，只是笑而避之。这让其他大臣大惑不解，蔺相如只说了一句："先国家之急而后私仇。"没过多久，这句话便传到了廉颇的耳朵里，也正是这句话使得廉颇瞬间消除了对蔺相如的偏见，从而有了"负荆请罪"这个故事。廉颇对于蔺相如如此宽宏大量而深感惭愧，从此两人成为至交，一起为赵国效劳。

所以说，学会宽容，于人于己都有益处。人活着，没有必要整天为一些鸡毛蒜皮的事计较。只有学会宽容，才能够领悟到人生的苦和乐、爱与恨，才能知道人生中应该忘记什么，懂得什么，那样才是举重若轻。反观历史上那些小度量的人，遇到一点小事就怨天尤人，这些人即使学问再好，最终也难成大器。

周瑜是三国时期吴国著名的战略家。他不仅风度翩翩，还精通各种兵法，真可谓是才能出众、足智多谋，是当时难得的人才。

可是，当时的他因为一心想要夺取荆州，却屡次落败于诸葛亮，为此他不甘心，又使出几个计策去追要荆州，结果还是无功而返。情急之下，周瑜便想到了美人计，却还是被诸葛亮识破，结果赔了夫人又折兵。后来，他又想借假道伐蜀之计灭了刘备，但这个计谋最终还是没能逃过诸葛亮的眼睛。面对这一次次的落败，他开始整天心中盘算着如何打败诸葛亮，在发出了"既生瑜，何生亮"的凄叹后，最终落得个吐血身亡的结局。

倘若周瑜能像蔺相如那样宽容大度，他的结局肯定不会是这样。在人生的道路上，我们难免会遇到很多挫折和困难，也肯定会遇到许多误解和不快。这时候，我们就要学会宽容。一个人有了宽大的胸怀，有了容纳万物的心，才能够成就一番大事业，才能够快乐且幸福地生活。

2. 宽容从"心"开始

一位智者曾经说过这样一段话："在你的一生中，你必须宽容三次。首先，你必须原谅你自己，因为你不可能十全十美；其次，你必须原谅你的敌人，因为你的复仇之心只会影响你的情绪；最后，也是最难做到的一点，那就是你必须原谅你的朋友，因为越是亲密的朋友，越会在无意中伤害到你。"

"苦乐不取决于外界，而是取决于我们看待外界的态度。"生活中，我们每个人都希望自己能得到安乐，不愿意遭遇任何的痛苦。可是，如果我们内心没有养成一种宽容的秉性，这种希望就永远不可能实现。下面一则故事最能诠释"宽容"二字的内涵。

从前，有一位德高望重的大师，一直居住在终南山。山下住着一位少女，可她竟与仇家的儿子相恋，并生下了一个孩子。此女的父亲知道此事后十分生气，一再逼问到底是谁的孩子。此女逃不过父亲的追问，知道一旦把事情的真相说出来，自己的心上人肯定是要吃亏的。情急之下，她便随口说是这位大师的。很快，其家人就把新生儿送到了大师的居住地，并对大师百般羞辱，还放出狠话说，他们不会管这个孩子，要他自己把孩子抚养成人。

面对这一切，大师没有解释什么，而是一声不吭地接过了孩子。同道的师兄们也都相信了此女的话，也开始对他冷嘲热讽，处处排挤他。尽管这样，他还是没有弃婴的念想，为了使这个新生儿好好地活下去，他每天天不亮就下山为孩子找奶吃，任凭人们往他脸上唾口水，他都毫不在意，只当是自己的孩子一般。

后来，那两家人和好了，相爱的年轻人也终成眷属。这时候，两人才对双方家人说出了真相，女家想到当时羞辱大师的情景，觉得很不好意思，于是亲自上山找这位大师道歉。周围的人们知道了事情的真相后，也纷纷为这位大师打抱不平。看着周围好多的人，大师依然什么也没说，只是把已经会走路的小男孩交给了幸福的小两口，就回自己的住所去了。

故事中的这位大师被人无辜冤枉，导致名声扫地，可他却依然不动声色，这不正是对"宽容"一词的最好诠释吗？他完全能够为自己辩解，挽回自己的名声，可是他始终没有。这是多么宽广的胸怀呀。

在一个秋天的中午，有两名少年在一个林场里玩火，不小心点燃了那片丛林。看着眼前的熊熊大火，他们没有立即呼救，他们觉得这种场景实在太刺激了。可是他们怎么也没想到，因为这次火灾，一名仅有22岁的消防队员在紧急救援时不幸遇难了。

更让人痛心的是，这名消防队员自小就没了父亲，他是由一位可敬的单亲母亲千辛万苦抚养长大的。等他懂事后，就参军当了消防队员。他常常告诉母亲说，等以后一定要好好报答她。而这正是他参加工作的第一周，他连第一次薪水都还没有领到……

后来，经查明这是一起蓄意纵火案后，当地所有的人都为之愤怒，一致表示要将罪犯抓捕归案，让他们接受最严厉的惩罚。于是，警察便开始四处追捕，那两名少年内心充满了恐惧，不敢在这座城市待下去了，于是开始四处流窜。一路上，他们听着来自四面八方的愤怒声音，陷入深深的悔恨、无奈和恐慌之中。

除了关注这两名少年，众多媒体的目光都投放在那位消防队员的单亲母亲身上。他们知道，她无疑是这个世界上最伤心的人。当记者将他们手中的话筒对准这位母亲时，都在等待她悲哀的控诉和严惩凶手的愤怒呼吁。可是，她没有这样做，而是说了这样一段话："我儿子的离开让我很伤心，不想再多说什么。但是，我现在只想对那两个制造灾难的孩子说几句话——你们在外流浪的日子也一定很不好过，很可能生不如死。作为这个世界最有资格谴责你们的我，此时只想对你们说，请你们赶快回家吧，家里还有等待你们的父母，只要你们这样做了，我和上帝一起宽容你们……"

那一刻，全场鸦雀无声。

看完这个故事，很多人不禁为之动容，能够原谅杀死自己儿子的罪魁祸首，是一件多么困难的事情，可是这位母亲做到了，她在为自己儿子的死伤心的同时还在担心闯祸的那两个孩子，还规劝他们赶紧回到家人身边。

可见，宽容能使一个人的心变得豁达，多一些宽容，我们的生命就会多一分空间、多一分爱心；多一些宽容，我们的生活就会多一分温暖、多一分阳光。

宽容，从心开始。有句话叫"福祸无门，唯人自招"。人的一生福气多多，其中最恒定的就是宽容。因为这种福气并不是谁给予的，而是对自我的赐福。我们宽容了别人，不仅给了他们尊重和信任，同样也是给我们以赐福。

所以，从现在起，让我们学会忍耐、学会谅解、学会宽容，让我们打开宽容之心的大门，张开双臂去迎接美好的生活吧！

3. 成大事者皆有宽容心

法国作家雨果曾说过："世界上最宽阔的东西是海洋，比海洋更宽阔的是天空，比天空更宽阔的是人的心灵。"的确，心胸宽广是一种难能可贵的品质，它是成事者应有的一种内在涵养，也是人生的一种精神境界。

纵观古今中外，凡能够成就大事业者，无不乐观豁达，宽容大度。从社会现实来看，宽容大度更容易被人们所接纳。在人际交往中能够如鱼得水，在创业中也能够凝聚众多人心和力量，进而拥有成大事的可能。

由此可见，要成大事必须要有远志，然而更重要的是要有一颗宽容的心。待人宽容是一种理智，也是目光长远的体现。古往今来，但凡成大事者，皆有一颗宽容心。因为宽容并不代表忍让、懦弱，而是一种养精蓄锐、蓄势待发，是暗中向命运发出无声的挑战。

很久以前，有一位大师独自一人在山中的一间破茅屋修行。有一天傍晚，他看外面夜色美丽，于是想到林中散散步。在皎洁的月光下，他突然开悟了。于是，他喜悦地往回走，却惊奇地发现有一个小偷正在"光顾"他的茅屋。这时候，大师没有立即赶上去，而是站在门口等待小偷。

小偷搜寻了半天，也没有找到任何值钱的东西。他失望地正准备离开时，在门口撞见了大师。小偷感到十分惊愕，正要逃走时，大师说："孩子，你走这么远的山路来探望我，我总不能让你空手而回呀，夜已经深了，你带这件衣服走吧!"说着，就把衣服披在了小偷身上。大师的这一举动让小偷感到不知所措，低着头急急忙忙溜走了。

大师看着小偷的背影渐渐消失在山林之中，不禁感慨地说："可怜的孩子呀，但愿我能送他一轮明月。"等到小偷离开以后，大师便回到茅屋继续赤身打坐。到了第二天，在明媚的阳光照耀下，大师睁开眼睛，看到他披在小偷身上的那件衣服完好无损，被整齐地放在了门口。大师非常高兴，喃喃地说："我终于送了他一轮明月啊!"

这个故事就告诉我们，为人处世不要对他人过于苛刻，而应该学会宽容、谅解别人的过失。尤其在处理一些小事时，你更应该以宽大为怀，尽量表现得"糊涂"一些。

人们常说"志存高远，能胸怀天下"。一个有着远大志向和抱负的人，他就一定有着长远的眼光，不会为眼前的小利益而为之一动，也不会为一时的得失而斤斤计较，他能够用理性的眼光看待世间的人和事，用一颗包容的心去对待一切不如意。

从前有一个人，年纪轻轻的就成了当地的一名员外。在乡里富甲一方，真可谓衣食无忧，这便引起周围人的忌妒。有一次，他遭奸人诬陷，被官差押送到了京城。后来，因真正的犯人落网了，他被宣布无罪并获释。等他回到家后，他发现家里的管家们已经侵占了他所有的财产，他顿时勃然大怒，喝令管家们在前厅跪下等着受罚。

过了三天后，家人要求他按照祖训对管家们进行惩罚，而他却笑着摇了摇头说："过去的事已成为历史，再罚他们又有何用呢？他们不过是一时糊涂犯了错，不至于受此大罚。再说我此次去京城差点丢了性命，即使有万贯家财又有何用呢？不如给他们些钱财，打发他们走吧，我早已经不怪他们了。"

第二天，家人发现他离开了家，还留下了四个大字：有宽乃容。

因为宽容，这位年轻人成了一代大师。但凡成大事者，都要以乐观、宽容、接纳的心态去看待周边的世界。因为只有抱有积极心态的人，才能获得成功；只有具备海纳百川、有容乃大的心态的人，才能学习他人的长处，弥补自己的短处。

拥有宽容的心，才能平和地看待他人的优缺点，从而为自己赢得更多的朋友和快乐；拥有宽容的心，才能不去计较眼前的蝇头小利，为自己营造更为广阔的空间，才能成就一番伟业。

由此可见，学会宽容，是一个人品德的提高，是一个人修养的升华，也是一个人成功的前提；学会宽容，它将会为你铺筑一条通向成功殿堂的光辉大道。

4. 宽容是一种风度

莎士比亚曾经说过："宽容就像天上的细雨滋润着大地，它赐福于宽容的人，也赐福于被宽容的人。"宽容就是人生的一座桥梁，如果没有这座桥，就不可能到达人生的彼岸。

人的一生不可能总是一帆风顺，需要在无数个得到与失去、成功与失败的不断循环中走过。所以在生活中，只要学会了宽容，也就会走好自己的人生。一个人的胸怀有多大，成就就有多大。

林肯幼年的时候，因为父母的收入低，生活极其贫困。所以，他只上了四个月的小学就辍学了。此后，他再也没有受过正规的学校教育，而是去了一家杂货店打工。

有一次，因为一位顾客的钱被前一位顾客拿走，顾客便与林肯发生了争执。为此，杂货店的老板就把林肯解雇了，老板说："我必须解雇你，因为你今天的行为令顾客对我们店的服务不满意。这样的话，我们就失去了许多生意。所以，我们应该学会宽恕顾客的错误，顾客就是我们的上帝。"

许多年以后，林肯当上了总统。在一次演讲中，当人们问起他成功的原因以及需要感谢的人是谁时，他大声地说："我应该感谢那个杂货店的老板，正是他，让我明白了宽容是多么重要。"

这就告诉我们，学会宽容别人，就等于善待了自己。宽容别人，可以让你的生活更加轻松愉快；宽容别人，可以让我们拥有更多的朋友。可见，宽容是一种无声的教育，最难得的是那种不求回报的给予。看下面这样一则故事：

清朝时期，山东济阳县有个叫董笃行的人在京城做官。有一天，他接到家里母亲给他寄来的一封信，信中说老家正在盖房子，因为一堵墙而与邻居发生了争执，希望他凭借达官贵人的势力"修理"一下邻居。

董笃行看完信后，马上挥笔写了一封信，说："千里家书就只为了一堵墙，我们让出两尺给邻居，又能怎么样呢？长城万里今犹在，不见当年秦始皇。"母亲接到儿子的回信后，觉得董笃行说得很有道理，于是在盖房子的时候主动让出了几尺地面。

邻居见他们如此礼让觉得有些羞愧，于是也表示要让出几尺地面。最后，等两家的房子盖成后，两家之间就形成了一条胡同，当地人称其为"仁义胡同"。

这个故事中的"仁义胡同"的出现得益于"以爱换爱"的善行。设想一下，如果当时没有一方主动礼让，那么双方就有可能持续争执下去；而当一方礼让了，宽恕了，另一方反倒觉得自己有失德行，因此也会选择礼让。可见，宽容是一种风度，它能够带给一个人获取新生的勇气。

在生活中，我们学会了宽容，不仅有益于身心健康，还因此赢得了友谊，保持了家庭和睦、婚姻美满，乃至在事业上也取得了很大的成功。由此可见，宽容是一种风度，更是人生的一种境界。它不仅能折射一个人的处世经验，更能体现一个人待人的艺术和良好的涵养。

5. 懂得分享，独乐乐不如众乐乐

列夫·托尔斯泰曾说："爱是神奇的，它会使数学法则失去平衡。两个人分担一个痛苦，只有一个人痛苦；两个人分享一个幸福，却能拥有两个幸福。"可见，分享是一种对情谊的珍重和心灵的豁达。

有了分享，才有了爱心的传递和永恒；有了分享，才有了力量的绵延和蓬勃。这就是分享的神奇之处，也是分享的魅力所在。当我们将自己的东西拿出来与他人分享时，我们的胸怀就会因此而宽广，生活也会因此而变得更加精彩。

很多年前，有三个士兵刚从战场上归来，他们既饥饿又疲倦，不知不觉便走到一个小村庄。可是因为连年战争，村民们的粮食也不够吃。所以，村民们一听说来了士兵，便将他们的一小点粮食都藏了起来，然后在村子的广场中接待了这三个士兵。村民们一见到士兵，就搓着双手，哀叹他们是有多么缺少食物，日子过得有多么艰苦。所以，不能招待士兵们饱餐一顿。

士兵们忍受着饥饿与疲惫，平静地与村民们交谈着，第一个士兵对村长说："你们的收成不好，没有东西分享给我们吃。不过，我们却有让大家共同分享的东西：用石头做一道好汤的秘密。"

村民们听了都感到非常好奇。于是他们怀着好奇心，很快生起了火，架起了全村最大的一口锅。第一个士兵往锅里丢了三颗光滑的石子，说："过一会儿，这个就能煮成一锅美味的汤了。"第二个士兵接着说："不过，要是有一撮盐和一些欧芹，那它的味道就更棒了。"听完这话，一位村民跳了起来，喊道："真是太巧了，我刚刚想起来家里还剩下一些呢。"于是她赶紧跑回家，然后带着满满一围裙欧芹和一些盐回来了。

随着锅里的水渐渐煮沸，村民们一个个都想起了什么东西。不一会儿，大麦、胡萝卜、牛肉还有奶油，纷纷都被投到了这个大锅里。村民们欢聚在广场上，他们一边吃，一边跳舞、唱歌，一直到深夜。

第二天早晨，当三个士兵从睡梦中醒来时，发现村民们全都站在他们面前，在他们脚边还放着一包这个村子最好的面包和奶酪。"你们给了我们最宝贵的礼物——用石头做汤的秘密，"一位长者说，"我们会永远牢记在心的。"第三个士兵对众人说："其实，也没有什么秘密，不过有一点是肯定的：只要每个人都拿出一点东西来，就可以办成让大家分享的宴会。"说完，他们又重新上路，慢慢地离去了。

可见，无论是在工作中还是生活中，我们都要摒弃自私狭隘的习惯，只有学会宽容、懂得分享的人，才能够拥有一切。因为学会宽容是一种豁达，懂得分享是一种智慧。当然，分享不在乎多与少，哪怕是和别人分享一块小小的面包，那也是一种莫大的快乐。

乐于与人分享，是心胸宽广的表现。将你的痛苦与他人分享，你的痛苦就会减少一半；将你的快乐与他人分享，你的快乐就会增加一倍；将你的荣誉与他人分享，你的荣誉就能升值；将你的幸福与他人分享，你便会收获更多的幸福。所以，只要把我们所拥有的都分享给别人，那么你得到的将会比分享出去的更多。

曾经有一个以采蜜为生的养蜂人，他独自拥有一个很大的养蜂场。每当蜜蜂酿出一些蜂蜜来，养蜂人都会一滴不漏地将其保存起来。

有一天，一群玩耍的孩子闻到了蜂蜜的香味，便跟着香味来到了养蜂场，看到养蜂人正在里面专心致志地收集蜂蜜。孩子们没有立即闯进去，而是呆呆地望着养蜂人。养蜂人看他们一副嘴馋的样子，于是顺手拿起几片叶子，然后盛上蜂蜜，一一分发给他们。等孩子们吃完后，养蜂人又让他们把这些叶子喂给马。其中一个孩子很好奇地问道："为什么要这样做呢？"养蜂人微笑着说道："把你们吃过的叶子再喂给马，它们也就会分享到蜂蜜的甜味啊。"从那以后，这几个孩子们每天都会来养蜂场。

这个故事看起来很简单，其中却包含了一个大道理：分享，实际上是一种美化心灵的行动。如果一个人懂得让他人分享自己的成果，那么，他便能感受到更多的快乐和幸福。

小时候，大人塞给你一块糖，你就会想到留给自己最好的朋友吃，这便是一种分享。当你将糖果递到朋友手中时，朋友的一个微笑就足以让你乐一阵子。可见，懂得分享的人，是有责任心和爱心的人；懂得分享的人，是博大无私、人格高尚的人。所以，想要拥有一颗宽容开放的心灵，就要懂得分享。只有懂得分享，我们才能留住双倍的快乐和幸福。

据说很久以前有一位教士，一直很想知道天堂与地狱到底有什么根本的区别，于是他就去请教上帝。上帝对他说："你跟我来吧，我先带你去地狱看看。"于是，教士和上帝一同走进了一个房间，看到那里围着许多人，走近一看，原来在他们中间还放着一口煮食的大锅，他们的眼睛都直呆呆地盯着大锅，时不时地呈现出一副又饥饿又失望的样子。再细一看，发现他们每个人手中都握着一只汤勺，因为汤勺的柄太长，所以食物根本没有办法送到自己嘴里。

"现在，我再带你去天堂看看吧。"于是，上帝又带着这名教士走进了另一个房间。这个房间跟上一个房间的情景一模一样，也有一大群人围着一口正在煮食的锅坐着。再看看他们的汤勺，发现汤勺柄跟刚才那群人的一样长。可唯一不同的是，这里的人又吃又喝，有说有笑，看起来是那么快乐。

教士看完这个房间后，很是奇怪地问上帝："为什么同样的情景，这个房间的人快乐，而那个房间的人却愁眉不展呢？"上帝微笑着说："难道你没有看到吗？这个房间里的人都学会了喂对方！"教士听完上帝的话，终于恍然大悟了。

这个故事生动地告诉世人：人活在这个世上，就一定要学会分享与给予，养成互爱互助的习惯。就像教士在地狱里看到的那样，他们宁愿自己饿死，也不愿意去喂对方，最终也害了自己。

"先予后取"，这是一个亘古不变的真理。我们在做任何一件事情时，明智的人都懂得给予，因为他们知道，懂得分享，才能获得别人更多的回馈；懂得分享，就是懂得享受幸福，在你与人分享的同时，你的幸福也会加倍，也才能够真正地领悟到分享的真谛。

6. 宽容，教育的一剂良药

宽容是一种博大的胸怀，更是教育的一剂良药。当代著名学者肖川博士曾指出："没有任何真正的教育是建立在轻蔑和敌视之上的，也没有任何一种真正的教育是依靠惩罚与制裁来实现的。"让我们先来看下面一个例子吧。

有一次，美国著名的成功教育之父卡耐基先生去参加一个重要的学术演讲。临走之前，他的秘书莫莉将一封演讲稿塞进了他的公文包里。演讲开始了，卡耐基先生跟观众打完招呼后，便很迅速地从皮包里取出演讲稿，并照着上面的文字读了起来。顿时，台下爆笑如雷，人们开始议论纷纷起来。

当卡耐基先生演讲完之后，刚回到办公室时，秘书莫莉笑吟吟地走了过来，问道："卡耐基先生，这次的演讲成功吗？""非常成功，台下掌声四起。""那就要祝贺你了呀。"莫莉由衷地笑着说。"莫莉，你知道吗？我今天去给人家讲的是'如何摆脱忧郁创造和谐'，可是当我从公文包里取出讲稿，刚一开口读时，台下便哄堂大笑。""那一定是您讲得太精彩了。""的确精彩，因为我读的是一段如何让奶牛产奶的新闻。"说完，就将手中的材料递给了莫莉。莫莉看了看手中的材料，脸"刷"地红了，喃喃地说："对不起，是我太粗心了。卡耐基先生，这不会让您丢脸吧？""当然不会，你这样做，不仅使我自由发挥得更好，而且还赢得好多掌声，所以我还得谢谢你呢！"从此以后，莫莉再也没有因粗心而造成类似工作的失误。

卡耐基先生对莫莉的批评和教育，就是一种艺术、一种智慧，一种充满人性化关怀的超凡的教育智慧。由此可见，宽容也是一种无声的教育，它的教育力量常常超出我们的想象。

那么，到底怎样才能做到宽容学生，达到这样一种"教育无痕"的理想境界呢？

首先，要多读书，使自己成为一个具有"人文情怀"的人。因为一个具有"人文情怀"的人，才能够给人以人文关怀，才懂得什么是宽容。朱永新教授曾经说过："要想具有人文情怀，读书显得尤为重要。"虽然读书不是获得人文情怀的绝对条件，但读书可以为人文情怀的生根发芽提供肥沃的土壤条件。

其次，要使自己成为一个具有宽容之心的人。宽容是一种风度，宽恕是一种风范。作为人类灵魂工程师的教师，一定要有一双洞察一切的眼睛，要有一个容忍一切的胸怀，要能够一针见血地指出学生的错，也要给学生的错留下一个自由的出口。

最后，要宽容学生的过错，实现"教育无痕"，需要我们具有高超的教育智慧和艺术，让宽容，成为教育的一剂良药。教育家苏霍姆林斯基曾说："在少年教育中，产生困难的最主要原因，就在于教育行为以赤裸裸的方式出现在他们面前，而人在这种年龄段从本性上就不愿意被他人教育。"

我们每个人的成长都有各自独特的经历，有其长也必有其短。所以，我们要充分看到别人的长处，宽容我们所不喜欢的。这样，我们就会少了许多烦恼，我们的身心健康也就多了一份保障。

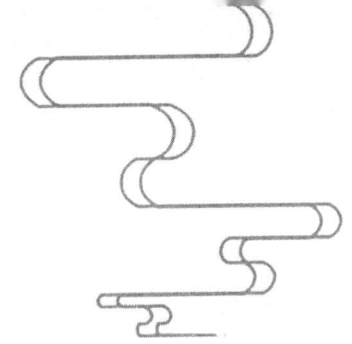

第三章

以情待人

——和谐一生的秘诀

宽容，是一种博大的精神，比海洋和天空更宽广；宽容，是一种高贵的品质，是精神的成熟和心灵的丰盈；宽容，是一种大度的表现，能够包容生活中一切喜怒哀乐，可化解人世间的所有恩恩怨怨。有人说，宽容是软弱的象征。其实不然，有软弱之嫌的宽容根本称不上是真正的宽容。人的一生总不会是一帆风顺的，我们需要在无数个得到与失去、成功与失败的不断循环中走过。所以，学会了宽容，也就学会了走好自己的人生。

1. 沉默也是一种美

有人说，沉默是金。也有人说，沉默是一种宽容的美。其实，沉默更是一种智慧，它往往比雄辩更有力量。沉默还是一种境界。不懂得沉默的人，终究会被烦躁所湮没。

人生在世，要面对各种各样的人，经历各种各样的场合。有时候，被好朋友误解，你不想争辩，所以选择了沉默；也有时候，被最亲近的人误会，你难过到不想争辩，终究也还是选择了沉默。

看下面这个故事：

大学毕业没多久的张老师被分配到一个乡镇中学带初三慢班。这是这所学校令老师们最头痛的班级。因为这个班的学生们总是无故旷课、打架，甚至联合起来捉弄代课老师。

在一个寒冬的早晨，张老师像往常一样推开教室门，准备给孩子们上课，没承想一推教室门，便被门上面放着的一盆水浇透了。面对这种情况，张老师没有大发雷霆，而是一言不发地走上讲台，继续给学生们讲课。可是正对着讲台的玻璃窗前几天也被一群学生打碎了，冷风呼呼地对着张老师吹。因为是寒冬，所以不到一会儿工夫，张老师的发梢就结冰了，衣服也被冻得发硬。紧接着，他的牙齿也开始打战，浑身发抖。学生们看到这一情景，没敢言语什么，只是静静地等待火山的爆发。可是，一节课结束了，张老师始终没有提及课前的事。

到了第二天，哑着嗓子、不停咳嗽的张老师仍然坚持给学生们上课。学生们被老师的这番作为镇住了。从那以后，这个班的学生都变乖了，中考成绩也可以和快班相提并论了。

面对这一盆冷水，不同的人会有不同的选择：可以选择对学生大发雷霆，可以选择生气地离开。可是张老师在被学生们戏弄后，却选择了沉默，正是这种沉默彰显了一位年轻教师伟大的师爱，同时也给学生们提供了一个自省的机会。正是这种沉默，道出了一个平凡的道理，即沉默也是一种宽容。

苏霍姆林斯基曾说："有时宽容引起的道德震撼比惩罚更强。"张老师的沉默，不仅为师生营造了一个微妙而平静的氛围，也让学生们能够自我认识错误，从而使教育达到"无声胜有声"的效果。

在面对羞辱、误解、背叛的时候，沉默本身就是一种宽容。我们学会沉默，不仅是学会了宽容与忍耐，更是体验了沉默也是一种宽容的美。

在生活中，面对人们的种种不足时，我们必须要适时地利用沉默，耐心地等待人们在与心灵的对话中的自我反省和自我完善。因为每一个聪明的人都懂得在适当的时候保持沉默，而不是一味沉默或者排斥沉默。唯有学会沉默，才会懂得人生的处世哲学和生存艺术，从而提升生命的质量和品位。

2. 宽恕别人，就是救赎自己

在现代社会中，谁不会犯错呢？正所谓"圣人也会有犯错的时候"。我们每个人都有过过错，不管原因是什么，只要我们用一颗宽容的心去对待别人的过错，去宽恕别人，那么大家都会得到快乐。

在日常生活和工作中，我们会接触各种各样的人和事，无论遇见什么，我们都要学会用一颗包容的心去宽恕别人。宽恕别人，就是在给予别人改正错误的机会的同时，也在为自己和别人建立一座美好的桥梁。

有人说："不懂得宽恕他人的人是在用别人的过错来惩罚自己。"人总会有犯错的时候，所以我们都需要宽容，都需要他人的宽恕。

从前，有一位老师收了许多小孩作为他的学生。这些学生们因年纪小，总是很贪玩，经常在上完晚课后，偷偷地翻墙出去玩耍，直到半夜三更才回来。

有一天傍晚，这位老师因为憋闷，就到院子里散步。当走到院子的一个角落时，突然发现墙角边放着一把椅子。他一看便知道，肯定是哪一个学生又偷偷越墙出去玩了。老师走到墙边，移开了那把椅子，自己蹲在那里，等待学生回来。

过了一会儿，果真有一个学生翻墙回来了，当他从墙头爬下来的时候，以为和以前一样，踩的是椅子，不对啊，怎么软绵绵的。

再往下一看，才知道刚才自己踩的不是椅子，而是自己老师的背。

这个学生顿时惊慌失措，张口结舌，低着头等待着老师的训斥。但出乎这个学生意料的是，老师并没有厉声责备他，只是以平静的语调说："孩子，夜已经很深了，赶快回去加件衣裳吧。"

老师原谅了学生的过失，学生被老师的包容和原谅所感动，因此改正了错误。从此以后，院子里再没有人偷偷出去玩耍了。

其实，以宽恕来教育自己的学生，是世上最有效的教育方法；以宽恕来教导自己的弟子，是世界上最为管用的管教方式。在日常生活中，我们也要以博大的胸怀去宽恕别人，使其在宽恕的过程中改恶为善。自古以来，凡是有大成就的人，都会宽恕别人、包容别人。

一个人生活的快乐与否，不在于他是否年轻貌美，也不在于他是否权高位重，而在于他是否拥有一种健康的精神状态，是否拥有一颗包容的心。处处包容别人有心或无心的过失，这是宽恕别人最基本的原则。

生活中，人与人交往，难免会有碰撞，有摩擦，有矛盾，对此，我们不必追究下去，试着置之一笑，给别人也给自己一次机会，也许会有意想不到的收获。因为在宽恕别人的同时，不仅成就了别人，也成就了自己。

宽恕是一种美德，是一种素质，更是一种涵养。能够宽恕别人多少，自己所获得的利益就会有多少。宽恕别人，自己的人格就得到了升华；宽恕别人，自己的心灵就得到了净化。所以，请学会宽恕别人吧。因为怨恨终究是没有办法化解怨恨的，只有慈悲、包容、宽恕，才能够化解一切怨恨。

3. 容人等于容己

容人等于容己，这是老辈人说的"你敬人一尺，人敬你一丈"的道理。试想一下，有谁会喜欢一见面就打人骂人的人，又有谁愿意和那些为小事斤斤计较的人交往呢？

人非圣贤，孰能无过？在生活中，我们必须要学会宽容别人。宽容别人，首先就是要根除狭隘的思想。只有远离偏见，才有人与人之间的和谐。宽容别人，其实也是给自己的心灵让路。

汉朝时期，有一个叫刘宽的人，他为人宽厚仁慈，从未见他发过脾气。有一次，正当刘宽要赴朝会，衣冠装束整齐时，侍婢奉肉羹进入，把肉汤洒在了他的官服上。但是，刘宽不但神色不变，还关心地慰问侍婢说："肉羹有没有烫伤你的手呢？"

又有一次，刘宽乘牛车外出，在路上遇见有人丢失了牛，找上刘宽的牛车来辨认。刘宽默默不言，随即下车徒步回家。过了一会儿，失牛人找到了自己的牛，便亲自将牛车送还刘宽，并叩头谢罪说："我很羞惭，愧对长者，愿任随长者处罪。"但是，刘宽和颜悦色地说："世间相类之物，容易认错，烦劳你送回来，这有什么好谢罪的呢？"

从这个故事，我们看出刘宽为人的宽容。可见，唯有宽容待人才会得到别人的尊重，还会化解许多不必要的麻烦。宽容待人，是一种非凡的气度，它代表着心灵的充盈和思想的成熟。在这一过程中，我们需要不断反省自己，提升自己，进而赢得别人的敬仰和尊重。

西汉宣帝时期，有一位丞相叫丙吉，这个人非常贤能，人品也很好，尤其对待他的下属更是宽容。有一次，他的车夫因为喝醉了酒，呕吐不止，把丙吉的席子都弄脏了。无奈之下，丙吉只好走路回家。回到相府之后，管家看车夫醉醺醺的样子，觉得他很不可靠，大骂了一通后并准备辞退他。

丙吉听说了这件事，就对他的管家说："还是把他留下来吧，如果你因为这个辞退了他，日后谁还敢收留他呢？"后来，车夫知道了丙吉为他向管家求情的事，心里十分感激。从那以后，他滴酒不沾，一心一意为丙吉赶车。

这位车夫不但做事很有决心，而且还很细心。有一次外出，车夫看见驿站的骑手从边疆传来的紧急文书，车夫猜想，一定是边境出了什么紧急事情。于是，车夫就到驿站打听消息，并将这些情况告诉了丙吉。丙吉一听说边境有事，马上对边境的官员进行了审查，了解到了最新的信息。

正在这时，皇帝召见丞相和御史大夫询问边境的官员情况，御史大夫因为事先没有准备，说起来自然是吞吞吐吐。而丙吉因为事先就有了准备，胸有成竹，当皇帝问到他时，他侃侃而谈，说得头头是道，并针对现有的情况提出了可行的救援办法。后来，汉宣帝不但采纳了丙吉的意见，还对他进行了褒奖。

故事中的丙吉之所以能得到皇帝的褒奖，并不是因为他比御史大夫聪明多少，而是因为车夫帮了他的忙，而车夫之所以帮丙吉，是因为丙吉对车夫的宽容。丙吉不但原谅了车夫的过错，还给了他改过自新的机会，让车夫因为没有失去工作而心存感激。结果，车夫的感恩之举让丙吉得到了福报。正所谓"爱出者爱返，福出后福回"。

一个人能宽容的人越多，赢得的人心就越多，因为宽容了别人，就等于宽容了自己。我们在宽容别人的同时，就为自己种下了一颗善良的种子。它一定会生根发芽，并长成参天大树，结出福报的丰硕果实。

4. 要宽容，不要怒容

你曾因为无缘无故被父母责备而发怒吗？你曾因为在拥挤的公交车上被人踩一脚而责骂对方吗？诸如此类，如果你斤斤计较、怒发冲冠、不依不饶，那么，在你的生活中，你根本看不到美的景色，因为你的满腔怒火已经将你的生活包围了，你根本无暇顾及别处的美景。

正所谓心底无私天地宽，凡事看开一点，能不怒则不怒，与人为善，就是与自己为善。如果你不懂得控制自己的情绪，无缘无故地发脾气，心中自然少了几分快乐；如果你懂得宽容，心中自然也就少了可能给别人带来伤害的怒火。其实，只要你懂得宽容，这一切都是可以避免的。

有一个小男孩总是爱生气，每次跟小伙伴们在一起玩时，都会无缘无故地乱发脾气。时间久了，那些伙伴们都不愿意跟他一块儿玩了，他也因为此事整天不开心。

有一天，他父亲把他叫到跟前，还递给他一大包钉子和一个铁锤，并叮嘱他说："从今天开始，你每发一次脾气，就用这把铁锤在咱家后院的栅栏上钉一颗钉子。"小男孩听完父亲的话后，点头答应了。

第一天，小男孩共在栅栏上钉了 37 颗钉子。又过了几个星期，小男孩逐渐学会了控制自己的愤怒，在栅栏上钉钉子的数目也开始减少了。后来他发现，其实控制自己的坏脾气比往栅栏上钉钉子要容易得多………最后，小男孩变得不爱发脾气了。

于是，小男孩把自己的改变告诉了父亲。他父亲又建议他说："如果你能坚持一整天不发脾气，就从栅栏上拔下一颗钉子。"又经过了一段时间，小男孩居然把栅栏上所有的钉子都拔掉了。

这时候，父亲拉着他的手来到栅栏边，然后对小男孩说："儿子，你做得很好。但是，你再看看栅栏上面那些钉子留下的小孔，栅栏再也回不到从前的样子了。你要记住，当你向别人发过脾气之后，你的言语就像这些钉孔一样，会在人们心中留下疤痕。你这样做就好比用刀子去刺别人的身体，然后再拔出来。所以，无论你说多少次对不起，那伤口都会永远存在。所以，如果你学会了宽容，这一切痛苦都是可以避免的。"这一次，小男孩终于明白了父亲的话。

"忍一时风平浪静，退一步海阔天空"，即使遇到天大的事情，只要你好好去说，好好去做，就没有什么解决不了的。发怒根本解决不了问题，所以，不要与别人赌气，也不要与别人争执，因为最终伤害的是我们自己。

从前，有一个妇人，经常为生活中一些琐碎的小事情生气。她也知道自己这样不好，却总是打不开这个心结，于是便去求一位德高望重的大师帮她解开心结。大师听完她的讲述，一言不发地把她领到一间屋子里，锁上门就离开了。妇人见此状，气得破口大骂。

骂了许久，大师也没有理会她。妇人觉得这样不行，于是又开始苦苦哀求，大师仍然置之不理。最后，妇人终于沉默了。这时，大师在门外问她："你还生气吗？"妇人说："我在对自己生气，我怎么会到这破地方来受这份罪呢？""连自己都不原谅的人怎么能够做到心如止水？"大师拂袖而去。

过了一会儿，大师又来问她："你还生气吗？""不生气了。"妇人说。"为什么？""气也没有办法呀。""你的气并未彻底消除，还压在心底里，一旦爆发后，将会更加剧烈。"说完，大师又离开了。大师第三次来到门前，妇人告诉他说："我不生气了，因为不值得气。""既然衡量值不值得，可见心中还是有气。"大师笑道。当大师的身影迎着夕阳立在门外时，妇人问大师："大师，什么是气？"大师便将手中的茶水倾洒于地。妇人看了许久，终于明白了，叩谢而去。

这个世界上，没有谁愿意去承受你的无理取闹，更没有人甘愿任你摆布。或许在很多事情上，你有正当的理由去发火。可是你可曾想过，发怒能解决问题吗？

在生活中，也许家里人会因为你做了错事而责备你，或者在没弄清真相时误解了你，请你不要发怒，也不要因此怨恨家里人；在学校里，或许你的同学不小心弄坏了你的东西，请你不要对他大呼小叫，坏了就是坏了，再多的愤怒也都无济于事；在工作上，或许你的同事搞砸了工作，连累你挨批，也请你不要发怒，因为你的一时之怒可能会错失一份难得的感情。

大部分时候，即使在争端中我们占了上风，可最终又能得到什么呢？只是浪费精力、脑力、体力而已。如果我们选择退一步，就会收获一份心灵的宁静，以及别人对我们的敬仰。

5. 己所不欲，勿施于人

中国有句名言："己所不欲，勿施于人。"意思是说，自己不喜欢的和不能接受的事情，就不要强加给别人。也就是说，当你要求别人做什么时，首先自己也愿意这样去做，或者你本身也做到跟别人一样了。通俗一点讲就是，自己做不到的，就不要去要求别人做到。

春秋时期，晋国有一名叫李离的狱官，他刚正不阿。有一次，他在审理一件案子的过程中，由于听了下属的一面之词，将一个人错判了死刑。等到真相大白后，李离十分懊悔，于是把自己拘押起来，准备以死赎罪。为此，晋文公说："官阶有高低，处罚也有轻重，况且这件案子主要错在下面的办事人员，根本不是你的罪过啊！"李离说："我的官职很大，却从来没有给予下属一点权力；我享受着很多俸禄，却从来没有赏给下属一点利益。现在犯了错误，我却把罪责推卸给下属，这种事我又怎么能够做得出来。"说完，他不顾晋文公的劝阻，伏剑自杀了。这就是历史上有名的"李离伏剑"。

"正人先正己，做事先做人。"一个管理者要想管理好自己的下属，就必须以身作则，必须说到做到。要知道，示范的力量是惊人的，不但要像李离那样勇于替下属承担责任，而且要事事为先、严格要求自己，做到"己所不欲，勿施于人"。得人心者得天下，做一个让下属敬佩的领导者，将使管理事半功倍。

所以，无论做任何事情，我们都要学会换位思考，设身处地去为他人着想，这是为人处世的根本原则。如果我们只顾自己的想法率性而为，而不去顾及别人的感受，其结果往往是南辕北辙。

一位伟人曾经说过这样一句话："一个人若能从别人的观点来看事情，了解别人的心灵活动，就永远也不必为自己的前途担心。"这也是在告诫我们，要学会去体谅别人，站在别人的立场来考虑问题，这样不但可以减少我们在生活中的一些摩擦和冲突，还能够让人与人之间的关系变得更加和谐。

6. 宽容精神，关乎你我

宽容，是中华民族的传统美德，也是当代人必备的道德品质。当然，宽容精神不仅在今天如此，在未来也还是如此。一句话，宽容精神，就是宽宏大量的精神，也就是俗话说的"宰相肚里能撑船"。

美国心理学家曾得出这样一个结论：现代人有两个必不可少的道德基础，就是宽容与自我约束。人类几乎所有的道德表现，如羞耻感、责任感、自豪感等，都出自于这一道德基础。

曾经有人问：现在的人们缺少什么？人们的回答是：什么东西都不缺，就缺少理解人、宽容人的心胸与精神。可见，一个人能具有宽容精神是很不容易的，它需要从看得见、摸得着的琐碎小事做起。

在生活中，人们总会遇到各种各样的人，自然也避免不了产生各种矛盾。当矛盾发生时，人们往往只会从别人身上找毛病，而忽视了自己身上的责任。比如，一个骑车者不小心撞了一个行人，被撞的行人张口就骂："你到底会不会骑车啊，看到有人过来了，还往人身上撞。"骑车者也会大吼："你没长眼睛啊，看到车也不知道躲一下。"

又比如，老师在批评一个学生的时候，这个学生首先不会想到如何改正错误，而只会想到如何为自己辩护；老师在表扬一个学生的时候，其他学生只会说出被表扬者的诸多缺点。谁都不愿意从自身找责任，谁都不愿意从别人那里找长处。如此这般，何处寻宽容？中国古代有这样一个故事：

有一次，孔子的得意门生颜回独自一人上街办事，当他走到一家布店门前时，看到门口围满了人。于是，他走上前去想看个究竟，原来是一个买布的人和卖布的人在吵架。只听买布的大声喊："明明是三八二十三，你为什么要收我二十四枚钱呢？"颜回心想，这么简单的问题还用得着争吵吗？于是他便走上前去劝架，他对买布者说："是三八二十四，是你算错了，别再吵了。"谁知买布的听了颜回的话后，更加不服气，指着颜回的鼻子就说："你有什么资格来评理？要评理我也只会找孔子，错与对只有他说了算，咱们现在就去找他评理。"颜回说："很好，但如果真的是你错了，该怎么办呢？"买布的回答："我把我的一条命给你，如果是你错了，该怎么办？"颜回说："我把我的帽子给你。"

于是，两人一起去找孔子。孔子问明情况后，对颜回笑着说："三八就是二十三嘛，是你输了，赶快把帽子给人家吧。"对孔子的评判，颜回虽然表面上服从了，可是心里却一直想不通。后来，孔子开导颜回说："我知道，你肯定以为是我老糊涂了，但是你有没有想过：如果我说三八二十三是对的，你只不过输一顶帽子；而如果我说三八二十四是对的，他输了那可是一条人命啊。你说是帽子重要还是人命重要呢？"

颜回听完孔子的话，顿时恍然大悟，立即跪在孔子面前，恭敬地说："老师重大义而轻小利，学生差之甚远，我真是惭愧万分！"

孔子的这种宽厚与容忍，体现了圣人的智慧。孔子所重视的是思想境界和做人水准的高低，而从来不重视表面形式的输赢。孔子曾说过这样一句话："躬自厚而薄责于人，则远怨矣。"意思是说，责备自己多些，埋怨他人少些，人的内心就没有怨恨了。中国传统所崇尚的正是"宽则得众，能下人自有志，能容人是大器"的宽容精神。

在我们这个多元化的时代，宽容精神是当代人必不可少的。

7. 宽容是一种魅力

一个人的心胸有多宽广，他能成就的事业就会有多大。宽容是一种气度，不是每个人都能够做到的。在我们的工作和生活中，都应该学会宽以待人。无论是对人对事，都要有一颗宽容的心。只有这样，才能够散发出你的魅力。

陶行知先生担任育才小学校长期间，有一天正值作息时间，陶行知从一间教室门口经过，看见一个名叫小伟的学生，手里捏着一大把泥块，在追着赶着砸同班同学。他看见后，立即走上前去制止了，并让他放学后到校长办公室去一趟。

放学后，陶行知来到办公室，发现那个叫小伟的学生已经等在门口准备挨批了。小伟看到陶行知走过来，紧张极了，赶紧低下头不敢看陶行知。这时候，陶行知从兜里掏出一块糖果送给他："这是我奖励给你的，奖励你能够按时来到这里，而我却迟到了。"小伟带着怀疑的眼神，小心翼翼地接过糖果。陶行知又掏出一块糖果放在他手里："这也是我奖励给你的，因为我不让你再打人时，你立即就停住了，这说明你还是尊重我的。"小伟更加惊异了，睁着大大的眼睛看着陶行知。接着，陶行知又掏出第三块糖果塞到小伟手里："我调查过了，你拿泥块砸他们，完全是因为他们不守游戏规则，欺负女同学，这说明你为人正直，有跟坏人作斗争的勇气，所以我要奖励你。"听到这里，小伟感动极了，他哭着说："陶校长，你打我两下吧，是我做错了，因为我砸的不是坏人，是我的同班同学呀……"

陶行知听完，满意地笑了，随即掏出第四块糖果递给小伟："我还要奖励你一块糖果，只为你能够正确地认识到自己的错误，只可惜我兜里只有这一块糖果了。我的糖果没有了，我看我们的谈话也该结束了吧！"说完，他们就走出了办公室。

陶行知先生奖励学生四颗糖的故事，充分体现了宽容的另一种魅力。同时，也表现出教育者的一种大智慧。俗语说，过犹不及。有时候我们制约得太多、束缚得过紧，反而更加不利于事物的发展。

拿破仑，作为全军统帅的他，批评士兵的事时有发生。但是，每一次他的士兵犯了错误，他都不是盛气凌人地去训斥士兵，而是很平静地指出士兵的错误之处。所以，士兵们对他的批评也总是欣然接受。这大大增强了他的军队的战斗力和凝聚力，所以，他的军队成为欧洲大陆的一支劲旅。

在一次战斗中，士兵们都打得非常辛苦，个个都筋疲力尽了。因为拿破仑的防范意识很强，经常在夜间亲自巡岗查哨。这一天，他在巡岗过程中，发现一名巡岗士兵倚着大树睡着了。拿破仑正想发怒，但他转念一想，连续作战让士兵们几天几夜都没有合眼，难免会犯困，就让他休息一会儿吧。于是，他没有叫醒士兵，而是悄悄拿起枪，替哨兵站起了岗。大约过了半个小时，哨兵从沉睡中醒来，发现替自己站岗的竟然是全军的最高统帅，一时间惶恐至极，不知所措。

拿破仑非但没有训斥，反而和蔼地对他说："朋友，这是你的枪，你们艰苦作战，又走了那么长的路，睡着了是人之常情。但是，你要牢记你的责任，关键时候疏忽不得，一时的大意可能会断送全军。我正好不困，就替你站了一会儿，下次一定小心。"士兵听后，很是感动。

故事中的拿破仑，没有大声训斥，也没有摆出元帅的架子，而是语重心长地指出士兵的错误。有这样宽容大度的元帅，士兵们怎能不英勇作战呢？如果拿破仑动不动就对士兵破口大骂，只会增加士兵的反抗意识，丧失了他在士兵中的威信，从而削弱了军队的战斗力。足以见得，宽容不仅是一种博大的胸怀，也是一种特殊的魅力。

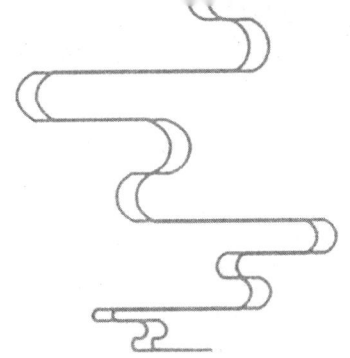

第四章

谦忍退让

——收获人生甜蜜的果实

凡事留一线，适当的谦忍退让也是一种宽容。谦让，不是怯弱、胆小怕事，而是在充分考虑各方面因素、权衡利弊得失后的一种明智的选择。谦让，是大智大勇的表现。所以，不要睚眦必报，也不要得理不饶人。要知道，谦让别人一次，不仅是给别人一次改过自新的机会，也是给自己一个前进的机会。一个懂得谦让的人，是不会计较一时的高低、眼前的得失的。他会懂得顾全大局，着眼于未来。

1. 退一步，海阔天空

古人云："退一步海阔天空，忍一时风平浪静。"这是连小学生都知道的道理。可是，在现实生活中，还是有许多人把如此简单的道理给淡忘了。

每个人都是一个独立的个体，都不能将自己的思想和行为强加给别人。对于别人的过失，如果我们能以博大的胸怀去宽容，就能得到化干戈为玉帛的喜悦，从而让自己的人生之路变得更加广阔。

明朝正德年间，宁王朱宸濠在南昌起兵反叛朝廷，当时，王阳明奉旨率兵征伐，一举擒获了朱宸濠，为朝廷立了大功。但是，当时受正德皇帝宠信的江彬十分忌妒王阳明的功绩，以为是他夺走了自己大显身手的机会，于是就四处散布流言说："最初王阳明和朱宸濠是同党，后来听说朝廷派兵征伐，才抓住朱宸濠以自我解脱。"他想嫁祸并抓住王阳明，作为自己的功劳。

王阳明听到这个消息之后，就与总督张永商议道："如果退让一步，把擒获朱宸濠的功劳让出去，就可以避免一些不必要的麻烦。如果我们坚持下去，不做出妥协，那江彬等人就很有可能狗急跳墙，做出伤天害理的勾当。"为此，他将朱宸濠交给张永，让他报告皇帝：朱宸濠被擒获了，是总督军门和士兵的功劳。如此一来，江彬等人也就无话可说了。

王阳明于是称病，到净慈寺去休养。张永回到朝廷之后，就大力称颂王阳明的忠诚和让功避祸的高尚事迹。没过多久，这事让正德皇帝知道了，他终于明白了事情的始末，于是免除了对王阳明的处罚。王阳明以退让的方法，避免了一场飞来的横祸。

王阳明以退让之法顾全了大局，保护了自己的性命。就现代社会而言，努力进取、坚持不懈的行为无疑是值得大家肯定的。然而，在人生道路上，既需要有勇敢拼搏的精神，也需要有为有守的气魄。退让表现出的不仅仅是一种智慧，也是一种坚忍的毅力和顽强的意志。

很多时候，我们在与朋友或同事发生一些大的矛盾或分歧时，有人总是为了所谓的"面子"而不愿意主动退让，怕这样做了会让人瞧不起，最终把一个小小的矛盾变成不可收拾的争端，结果弄得两败俱伤。如果我们懂得让步，就能够避免之后的一切不必要的麻烦。

生活是丰富多彩的，它对我们每个人都是公平的。所以，我们在对待生活中的每一件事时，都要尽可能全面地看问题。即用一种以退为进的思维方式，掌握并适当运用于生活。即使是在"山重水复疑无路"之时，也能够感觉到"柳暗花明又一村"。

2. 忍一时之辱，得一世之安

"忍一时之辱，得一世之安"，意思是说，如果能够忍受一时的屈辱，就可以得到一世的安宁。这也是教人要懂得忍让，在遇到事情时不要鲁莽行事。

在这个竞争日益激烈的社会，要想脱颖而出，有所成就，必须忍住一时之辱。如果一个人缺少忍耐，他的心就会变得狭隘，每天都活在愤怒中，哪还有时间和精力学习和工作呢？在这方面我国历史上留下了许多流传千古的典故逸事。

战国时期，有一位名叫范雎的谋略家，他虽学纵横术，却因家境贫寒，只好先在魏国中大夫须贾门下奔走效力。有一次，须贾奉魏王之命使齐通好，范雎作为随从一起出使。可是到了齐国，齐襄王却迟迟不肯召见须贾。于是，范雎施展辩才，很快就得到齐襄王的召见，并圆满完成了任务。齐襄王仰慕范雎的辩才，便派使者赏赐给范雎十斤黄金和酒。范雎身在异国，肩负通使重命，哪敢擅自受用私馈之物，于是一再坚辞不纳。这一切让须贾看在眼里了，他为正使，遭遇到如此冷落，而随从却备受器重。为此，须贾心中很不是滋味儿。

回到魏国后，须贾越想越生气，于是就把这次出使齐国之所以受到冷遇全部归罪于范雎，并把范雎在齐国受到齐王厚赐的情况报告了魏相魏齐。魏齐听完后大怒，立即下令将范雎抓来，对他进行严刑拷打。范雎被打得遍体鳞伤，血肉模糊，肋折齿落，惨不忍睹。范雎害怕因此丢了性命，实在是有所不值，于是躺在地上装死，手下的人都以为范雎真的死了，便去禀告正在饮酒的魏相。

这时，魏相正喝得面红耳热，便命手下的人用苇席裹尸，将范雎扔到了茅厕之中，还让家中的宾客轮流对着范雎小便。遭遇到如此奇耻大辱，范雎反而出奇的冷静，他对看守他的小吏说："你如果能把我救出去，以后我一定重重报答你。"小吏看其可怜，又为了贪图小利，便谎报魏齐说范雎早已死去。酒酣中的魏齐便命手下的人将范雎的"尸体"扔到了荒郊野外。范雎这才得以脱身。范雎连夜逃亡，又怕日后遭魏齐的追杀，于是改名换姓。等到后来，他在朋友郑安平的帮助下，又来到了秦国。没过多久就当上了秦国的宰相。

故事中的范雎能够忍一时之辱，一方面脱离了被动的局面，另一方面也是一种对他意志、毅力的磨炼，这就为他日后的发奋图强、励精图治奠定了坚实的基础。

俗话说："脚正不怕鞋歪，身正不怕影斜。"所以，我们在面对大是大非、紧急关头时，应该冷静地对待和妥善地处理，要勇于忍受。唯有这样，才能够把事情处理得妥妥帖帖。人生难免有不如意，若能忍耐一下，也许就会峰回路转了。看下面一则故事：

明朝时期，苏州城里有一位尤翁，开了个典当铺。一年年关前夕，尤翁正在里间盘账，忽然听见外面一片喧闹声，便穿好衣服到外面去看看究竟发生了什么事。挨了骂的伙计愤愤不平地对尤翁诉苦："老爷，这个人蛮不讲理，他前几天当了衣服，今天却又空手来取，不给他，他就破口大骂，哪有这样不讲理的人？"

尤翁听完伙计的解释，点了点头，于是打发这个伙计去照料别的生意，自己请那个人到桌边坐下，然后语气恳切地说："老人家，我知道你的来意，你不过是为了度年关。就因为这点小事，何必与伙计一般见识呢？你老就消消气吧。"

那个人听完尤翁的话，仍然是气势汹汹，不仅不肯离开，反而坐在当铺门口。尤翁见此情景，于是命令店员找出那个人的典当物，共有衣服蚊帐四五件。然后，尤翁指着棉袄说："这件衣服用来御寒，你可以拿走。"又指着外袍说，"这件给你拜年用，其余的衣服不是急用的，还是先留在这里，等你有钱了再来取。"那个人拿了两件衣服，不好意思再闹下去，只好离开了。谁知就在当天夜里，这个人就死在了别人家里。

　　原来，这个人和别人打了一年多的官司，因为负债累累，家产典当一空后走投无路，就预先服了毒，然后故意寻衅闹事。他知道尤翁家富有，便想敲诈一笔安家费，没想到尤翁一忍再忍，不与他计较，没能成为他的敲诈对象。于是，他又到了另外一户人家里，就是和他打官司的那家。

　　最后，这户人家只好自认倒霉，出面为他发落丧葬事宜，并赔了一笔钱。事后，有人问尤翁："难道你是事先知情才这么容忍他的？"尤翁回答说："我并没有想到他会走到这条绝路上去。我只是根据常理推测，但凡无理挑衅的人，一定是有所依仗。在我当伙计的时候，我父亲就经常对我说：'天大的事，只要忍一忍，很快就会过去的。'如果我们不能在小事情上忍让，那么很可能就会招来大灾祸。"

　　人们听了这话，都打心底里佩服尤翁。

　　故事中的尤翁，以少见的忍耐力避开了大的灾祸。的确，天大的事，忍一忍也就过去了，这可谓是能屈能伸方圆做到至高境界了。"忍"字并不是心头一把刀，而是刀下有颗心。对一般人来讲，忍寒忍热比较容易，忍饥忍渴也并不难，可是忍一口气，那就很难做到了。

　　比如，吴三桂忍不下妻妾被掳，冲冠一怒为红颜；周公瑾禁不起三气，因而短命身亡。反之，韩信能受胯下之辱，励志奋发，终能拜相称王；苏秦不耻父母兄嫂不以其为子为叔，悬梁刺股，终能握六国相印。

　　由此看来，那些能忍得住一时之辱的人，在经历一番风霜雪雨后，终能拨云见日，赢得巨大的成功。可见，忍与不忍，其关系成败大矣！

3. 得理也要让三分

中国有句老话这样说："有理也要让三分，得饶人处且饶人。""有理也要让三分"这七个字，虽然说起来容易，但做起来却很难。因为在我们身陷非难之时，气恼和悲愤之情就会跃然于胸，此乃人之常情。所以，"有理也要让三分"体现的是一种人格修养、一种崇高境界。看这样一则寓言故事：

在一个空气清新的清晨，一头大象独自在森林里漫步。无意中，踩塌了老鼠的家。大象为此表示惭愧，一再跟老鼠赔礼道歉。可是，老鼠却以为大象是故意破坏它的家，所以，一直对大象耿耿于怀，不肯原谅大象。

有一天中午，老鼠看见大象正躺在地上午休，心想：这下机会来了，我一定要报复大象。可是，老鼠看看眼前的这个庞然大物，实在不知道从哪下手。突然，老鼠灵机一动：我有一嘴锋利的牙齿，我可以狠狠咬它一口，让它也尝尝痛的滋味儿。想到这里，老鼠便扑到大象身上，使劲地咬大象的屁股。可是，没想到的是，大象的皮特别厚，老鼠根本就咬不动。

老鼠不甘心就这样放过大象，围着大象转了几圈，突然发现大象的鼻子那么长，就把象鼻子当作一个进攻点。老鼠也没再多想，就一下钻进了大象的鼻子里，狠劲地咬了一口大象的鼻腔黏膜。

这时候，大象被惊醒了，它感觉鼻子里一阵刺激，于是忍不住打了一个喷嚏，没想到这个喷嚏是如此之猛烈，竟然将老鼠射出好远。这下，老鼠可惨了，被摔了个半死，连续好几天都出不了洞。它的同类们都来探望它，老鼠忍着浑身的伤痛，意味深长地对大家说："你们一定要记住我的惨痛教训，有理也要让三分，得饶人处且饶人啊！"

现实生活中，总有一些人在遇事时得理不让人，一旦觉得自己有理，就抓住别人的错不放，不留一点情面，对别人穷追猛打。而聪明之人能够做到得理也让人，给自己留余地，从而把对手变成自己的朋友。

孟子曾说过："君子之所以不同于常人，便是在于他能时时自我反省，懂得容忍。"这就告诫我们，即使受到他人不合理的对待，我们也要学会在容忍中反省自己。因为一味的争吵只会伤和气、伤感情，所以不如大事化小事，得饶人处且饶人。

《庄子》中记载了这样一件事：有一次，一个人听说老子通天文地理，博古今礼仪，于是专程去拜访老子。当他来到老子家中，却看到另一番场景：室内凌乱不堪，看来是有些时日没打扫屋子了。这个人心中顿感失望，忍不住心中的怒火，于是开始破口大骂。可是，老子却一直没有反驳，直到那个人离开他也没多说一句话。

第二天，这个人又来到老子家中，说是来为他昨天鲁莽的行为向老子致歉，并问："昨天我那样凶狠地辱骂你，你为什么不回一句呢？"老子笑了笑，淡然地说："看来你好像很在意智者的概念，其实对我来讲这根本没有一点意义。所以，即使昨天你骂我，我也不会反驳一句。因为别人既然可以这么骂我，就一定有他的根据。如果我顶撞回去，他一定会骂得更厉害，这就是我从来不去反驳别人的缘故。"

第四章 | 谦忍退让——收获人生甜蜜的果实

从这则故事中可以得到如下启示：在现实生活中，当双方发生矛盾冲突时，对于别人的批评，除了虚心接受之外，还要养成毫不在意的习惯。因为人与人之间相处，难免会发生这样那样的矛盾。这就需要我们有一个豁达的心胸，千万不要为了一些小事，而做出不理智的事。当然，"有理也要让三分"的人不仅出现在古代，在我们现实生活中也有。有这样一个小故事：

在一个炎热的下午，一位年轻漂亮的姑娘在等公交车。公交车刚一到，她就被人群中一位抢着上车的小伙子重重地踩了一脚。这个小伙子非但没有道歉，还狠狠地瞪了她一眼。虽然姑娘当时觉得很疼，但她不仅没有生气，还主动地说："没关系，没关系。"可是，那个小伙子还是一副若无其事的样子，始终也不肯道歉。

旁边有一个人看不下去了，就对姑娘说："你这个人脾气真好，他踩了你，非但不道歉，还一副蛮横的样子，你居然还不怨恨他。"姑娘笑了笑说："人这么多，被踩到也是难以避免的事。我想他肯定不是故意的，再说我总不能也去追着踩他一脚吧！"在场的人听了姑娘的这番话，觉得姑娘说得实在是太好了，纷纷向她投来了赞许的目光。这时候，人群中的那个小伙子也被姑娘刚才那番话感动了，顿时羞愧万分，赶忙道歉。

不仅生活中会碰到这种小事，就是在职场中，谁能够保证自己不会和别人发生一些不愉快？又有谁能够保证自己事事处处都占理？只要没有根本的利害冲突，即使自己占理，也应该像那位姑娘一样大度地让别人三分。

"有理让三分，得理也饶人"，只有这样，人与人之间才会相处和睦。如果你为了个人利益，甚至为了所谓的面子，而与人争得面红耳赤，其结果往往是两败俱伤。殊不知，虽然这一次你占了上风，同时也为下次争斗埋下了隐患。其实让与不让，会得到两种不同的结果——得理让人，会天宽地阔；得理不让人，会使路越走越窄。

足以见得，得理也让人，是一种博大的胸怀，是一种个人修养，更是一种千金难买的精神享受。如果我们能够忍住今天的不满，就会拥有明天的爱，何乐而不为呢？

4. 忍让乃邻里相处之道

人们常说："远亲不如近邻。"意思是说，当一个人遇到急难时，远道的亲戚不如近旁的邻居那样能及时帮助。这就表示邻里之间关系亲密，真是一句暖人心的话啊！《南史》中曾记载着这样一则故事：

梁武帝时期，有一位叫吕僧珍的州官，他向来办事公正，从不徇私情。他的一些亲戚来投靠他，希望能够谋得一官半职，但都被吕僧珍耐心地说服回去了。在吕僧珍住宅的前面，有一处看起来很不错的官舍，有人建议他把官舍留下来住。可是，吕僧珍坚决不同意。吕僧珍这种廉洁奉公的美德，受到当地人们的普通赞颂。

有一天，一位名叫宋季雅的官员告老还乡，还特地把吕僧珍邻家的那一幢房屋买下来居住。吕僧珍询问他买房子花了多少钱。宋季雅回答说："一共花了一千一百万。"吕僧珍听后大吃一惊，反问道："一千一百万？怎么会这么贵呢？"宋季雅笑着说："不贵不贵，因为我希望与你做邻居，所以一百万用来买房，一千万是用来买邻居的。"吕僧珍听后，想了一会儿才明白过来，于是跟着笑了起来。

这个故事生动地说明了邻里关系在人心目中的重要性。再看一则故事：

宋朝时期的赵汴，是一个清廉正直的大臣。身为朝廷重臣的他，却没有一处宽敞的居住地。他的妻子不止一次提醒他，要他置办一处宽敞点的房子，可是他迟迟没有动静。因为这事，赵汴的侄子也伤透了脑筋，家里的房子不仅环境恶劣，还非常狭窄，他到底在犹豫什么呢？难道他是舍不得花钱买新房？他侄子百思不得其解，于是自作主张，用重金买下了邻居一位老人的房子，准备扩大自家住宅。赵汴知道此事后，很不高兴，责备其侄子，说："我和这位老人做了三世邻居，我怎么能够为了自己宽敞，而把老人赶走呢？"于是，命其侄子当即把房子还给老人，还不许向老人讨还自己的房钱。赵汴一生正直，宁肯过着拥挤、寒酸的日子，也不忍心去赶走别人。

故事中的赵汴，没有因为个人利益而去损害他人，足以说明他对邻居有着如此宽阔的心胸。古人说："君子敬而无失，与人恭而有礼。"邻里之间若能相互尊重，相互谦让，并严于律己，宽厚待人，便能做到不是一家胜似一家。

还有一句话说得好："邻里好，赛金宝。"有一个好邻居，就等于为自己增添了一个左膀右臂。可以说是人人都希望有个好邻居。

所以，我们如果能够做到忍一时委屈，就能够保全邻里间的一份和谐和宁静，而且自己也没损失什么，还会赢得一个好人缘，何乐而不为呢？

5. 忍让是一种大德

俗话说："忍得一时之气，免得百日之忧。"这是一句很有哲理的话。但还是有人觉得，忍让就是吃亏、受气、丢面子，是懦弱的一种表现。一味争吵，其结果必然是两败俱伤，后悔莫及。殊不知，忍让其实是一种智慧，也是一种大德。

在现实生活中，做事难，做人更难。人非圣贤，都是凡夫俗子，凡夫的心千变万化，要想避免不愉快发生，唯一的原则就是忍让，放宽自己的心量。中国不是有古话叫"和为贵""和气生财"。可见，人与人之间相处，就应该互相谅解，绝不能强人所难、钩心斗角。更何况，金钱、名利、地位都是一些身外之物，生不能带来，死不能带走。

清代名人左宗棠十分喜欢下棋，而且棋艺高超，在当时几乎很少碰到对手。有一次，左宗棠即将率领大军前往新疆平叛，他想这次离开京城说不定两三年才能回来，于是打算微服出巡一次。他走在喧闹的大街上，看到前面有一位老人正在摆棋阵，在他身后还立着一张招牌，上面写着几个醒目的大字："天下第一棋手"。左宗棠看见这一幕，觉得此人实在太过狂妄，于是立刻上前挑战。结果老人真的不堪一击，连连败阵。左宗棠便开始得意起来，临走前还命老人赶快收起那块招牌，不要再在这里丢人现眼，老人微微点头答应了。

过了两年后，左宗棠从新疆平叛胜利归来了。路过这条街道时，他看到那位老人还把那块"天下第一棋手"的牌子立在那儿，心里很不高兴，于是决定再教训一次这个不知天高地厚的人。可没想到的是，这一次左宗棠居然被老人杀得落花流水，三战三败。为此，左宗棠很不服气，第二天又来与老人挑战，结果这次输得更惨。他觉得不可思议，于是很惊讶地问老人："为什么只过了短短的两年时间，你的棋艺就进步得如此之快？"老人微笑着说："两年前，大人您虽是微服出巡，但我一看就知道你是左公，而且即将远征，所以我才存心让你赢，好让你有信心去建大功。如今，你已经凯旋了，我也就无所顾忌，所以也就不再谦让你了。"左宗棠听完老人的话羞愧不已，站在那里说不出一句话来。

文中的这位老人，之所以能够忍让左宗棠的骄慢，不仅因为他有着宽阔的胸怀，还在于他有一双洞察一切的慧眼。生活中，人们往往有一种片面的看法，以为一味忍让表现的只是一种宽容精神，其实不然。忍让更大一部分表现的是无私，是对他人的仁爱，它比宽容更能显示一个人的心灵价值。可见，有时候忍让还是一种大德。

从前，有一位青年性情暴躁，总是喜欢跟人生气。因此，周围有很多人都不喜欢和他交往。有一天，这位青年独自一人闲逛，无意中走到了一所教堂，碰巧听到一位牧师正在里面祷告。他听完后，发誓一定要痛改前非，并对牧师说："牧师，以后我再也不跟别人吵架了，免得周围人烦我。就算是有人往我脸上吐唾沫，我也会忍耐，默默地擦去便是，不会再计较什么。"

牧师听了青年的话，笑着说："你这又是何必呢？你为什么不让唾沫自己干了呢，为什么要去擦掉呢？"青年听了有些惊讶，于是问牧师："为什么要这样忍受啊？"牧师继续说："这有什么不能忍受的呢？你就把它当作是蚊虫蚂蚁之类的停留在你的脸上，你完全没有必要与它打架或者责骂它。虽然你被别人吐了唾沫，但这并不见得就是一种侮辱。所以，我觉得你还是微笑面对吧！"青年又问："那如果对方不是用唾沫吐我，而是用他的大拳头打过来，那我该怎么办呢？"牧师回答："不都是一样的呀，何必要在意，这只不过一拳而已，又不是要取你性命。"青年听完牧师的一系列解释，认为牧师实在是胡说八道，无礼至极。终于忍耐不住，忽然举起拳头向牧师头上打去，然后问牧师："你告诉我现在该怎么办呢？"牧师依然很平静地说："我的头硬得像一块石头，倒是没什么太大的感觉，倒是你的手，已经打疼了吧？"青年愣在那里，实在是无话可说了。

现实生活中，当一个人受到戏弄、打击或者侮辱时，就会怒火中烧，不懂得去忍耐。有句话说得好："忍他人之不能忍，方为人上之人。"小忍可以避免一些争端，大忍可以将大事化小，小事化了，还可以修身养性。

忍让，是一种豁达的挚爱，它可以化冲突为祥和，化干戈为玉帛；忍让，是一种高尚的品德，只要你以忍让待人，自然会得到别人的理解与拥戴；忍让，还是一种深厚的涵养，给你的心灵带去一份恬淡与宁静。可见，忍让实在是一门生活的学问。

当然，忍让并不意味着退却不前或软弱可欺，并不是在面对委屈、误解甚至凌辱时，还无动于衷。忍让，顾全的是大局，着眼的是未来。唯有忍让者，才能以宁静平和的心态去感化他人的浅薄行为，以宽阔博大的胸怀去包容他人的悖理举动，最终以无可争议的成功来警醒世人！

6. 后退，是为了更好的前进

人们常说："退一步海阔天空。"的确如此，如果我们能够在合适的时候选择后退，不仅保存了实力，积蓄了力量，更是为以后的成功增添了选择的机会。后退，是一种暂时的避让，以便实现更好的前进；后退，是一种强力的蓄势，以便摧枯拉朽地突进。

在一部电视剧中有一句精彩的台词："有一种胜利叫撤退，有一种失败叫占领。"是啊，士兵们为了保存实力选择主动撤退，这不正说明了后退是为了更好的前进这一道理吗？

家喻户晓的卧龙先生诸葛亮，在卧龙岗整整沉潜了多年。在这些年中，曾经有那么多人想尽一切办法请他出山，他对此都是一副置之不理的态度。终于，在刘备三顾茅庐之后，他才答应出山相助。这就足以说明他一直在等待一个只为天下苍生的圣君，他在选择一个可以"托付终身"的明主。终于，多年的沉潜换来了他的用武之地与巨大成功，多年的隐居成就了他的千古美名。

想一想，在生活中，我们中有几个人能够做到退后几步，来看自己的生活的。人们都是不断要求自己前进、前进、再前进，即使遇到什么困难，也是不断地鼓励自己要勇往直前。人们似乎已经忘记了，后退其实也是在给自己一次机会，它能使我们好好地回顾过去走过的路，使我们的脚步更加坚实、豪迈。

从前，有一个以打柴为生的年轻人。有一天，他还像往常一样上山打柴。这一次，他居然在山里遇到了一只凶猛的老虎。情急之下，他逃进了一个石洞里，老虎也紧追不舍，跟着他进入了石洞。石洞内通道弯弯曲曲，高矮也不一样。打柴人在里面转来转去，往里面躲。没想到石洞越来越小，渐渐容不下老虎那肥硕的身躯。但是老虎却拼着命要追咬打柴人，便使劲往洞里钻。

这时候，打柴人觉得自己已经走投无路了，正在绝望之时，他忽然看见旁边有一个小洞，大小仅容其身，于是他就急忙爬了进去。没想到，他这一爬，却发现了一丝亮光，他这一钻竟然钻到石洞外面来了。打柴人高兴极了，奋力搬来好几块大石头，堵住了老虎的退路，并在石洞的两头都堆放了一些柴草，点火焚烧。老虎在洞里受到烟熏火燎，吼声狂暴，震动山谷，没一会儿工夫就死了。

从这个故事我们可以看到，故事中的这只老虎落得如此惨下场，也是意料之中的事。它明知不可为而为之，以身试险，这就是在自取灭亡。生活中也一样，如果我们知道自己的极限，适时停止，这就是人生的最高境界。

身躯笨重的企鹅，在将要上岸之时，会猛地低头，从海面扎入海中，然后拼力沉潜，一直潜到适当的深度，再摆动双足，迅猛向上，犹如离弦之箭蹿出水面，腾空而起，最后稳稳地落于陆地之上。

由企鹅的沉潜我们可以看出，有时后退也是一种大智慧：当我们在前进的道路上受阻时，我们就要学会后退，那样我们就可以保存实力；当我们取得巨大的成功时，我们也要学会后退，为以后的发展修学储能；当我们需要选定新的奋斗目标时，我们更要学会后退，争取给自己更多的机会。

很多时候，我们总是习惯于向前看，向前走，即使撞上了南墙也不愿意回头，即使走进了死胡同也不肯往回走。在这种境况下，如果我们每个人都懂得"后退一步,海阔天空"的道理,那么人生还有什么过不去的坎儿呢?如果我们每个人都懂得"后退有时也是一种前进"的道理,那么人生中有什么样的追求不能实现呢?在合适的时候"退一步",它会让我们拥有更大的周旋空间、更大的成功舞台。

所以,以后无论我们面对自己的理想,还是现实的生活,都一定要记住,后退是一种艺术,也是一种人生的前进。

7. 要有一颗谦卑的心

人们常说:"人誉我谦,又增一美;自夸自败,又增一毁。"意思是说,夸奖人不增加他的优点,批评人不增加他的缺点。无论何时何地,我们都应当永远保持一颗谦卑的心。

谦卑,不等同于唯唯诺诺,也不等同于卑躬屈膝。谦卑的人做事,能够做到不卑不亢,有理、有利、有节。可是,生活中还是有一些不懂得谦卑的人,常常使自己陷入一个尴尬的境地。看下面这个故事:

苏格拉底是古希腊著名的哲学家。有一天,他约弟子们在一起聊天谈心,正当大家聊得开心时,其中有一位出身富有的学生按捺不住了,开始趾高气扬地向其他同学夸耀,说他家在雅典拥有一望无边的肥沃土地。

当他口若悬河、大肆吹嘘的时候,一直在其身旁不动声色的苏格拉底拿出了一张世界地图,然后问他:"你能在这张地图上找到亚细亚吗？麻烦你指给我们看看。""这一大片全部都是啊。"这位学生指着地图，扬扬得意地回答。"很好，那么你再指一下希腊在哪里。"苏格拉底又说。这一次，学生好不容易才在地图上将希腊找出来，和亚细亚比起来，希腊的确是太小了。"你再看看，雅典在哪儿呢？"苏格拉底又问。"雅典？这就更小了，好像是在这儿。"学生指着地图上的一个小点说。最后，苏格拉底看着他说："现在，请你再指给我们看看，你家那块一望无边的肥沃土地在哪里呢？"

学生尴尬得满头大汗，他家那块一望无边的肥沃土地在地图上连个影子也没有。他很尴尬又很诚实地回答道："对不起，我找不到！"

与整个世界相比，那位学生家里的那片看似无边的土地是微不足道的，就好比茫茫沙漠中的一粒细沙，一望无际大海中的一滴小水珠。

由此可见，现如今我们所拥有的一切，与浩瀚无际的宇宙比起来，都只不过是沧海一粟，实在是微不足道啊。从历史的长河来看，不管我们现在拥有什么、拥有多少，或者能够拥有多久，都是极其渺小的。

在一次艺术家作品展览会上，布思·塔金顿作为特邀贵宾也参加了这次展览会。展览会快要结束时，有两个十六七岁的漂亮小女孩走到塔金顿面前，虔诚地向他索要亲笔签名。

"实在不好意思，我没带自来水笔，我可以用铅笔吗？"其实，塔金顿知道，她们当然不会拒绝。

"当然可以。"小女孩们果然爽快地答应了，看得出她们很兴奋。正是她们的兴奋，让塔金顿倍感欣慰。其中一个女孩拿出自己早已准备好的笔记本，小心翼翼地递给了塔金顿。多么精制的一个笔记本啊，塔金顿都有点舍不得在上面写字了。随后，他取出铅笔，在上面写了几句鼓励的话语，并签上了自己的名字。

女孩看过塔金顿的签名后，突然把眉头皱了起来，接着又仔细看了看塔金顿，问道："你不是罗伯特啊？""不是啊。"塔金顿非常自负地告诉她，"我是布思·塔金顿，《爱丽丝·亚当斯》的作者，曾获得过两次普利策奖。"

小女孩听了塔金顿的话，将头转向另外一个女孩，然后耸耸肩说道："玛丽，把你的橡皮擦借我用用。"那一刻，塔金顿所有的自负和骄傲一瞬间化为了泡影。从此以后，塔金顿时刻告诫自己：无论自己多么优秀，都要有一颗谦卑的心。

同时，这个故事也告诉我们：不管你取得了多少傲人的成绩，也不管你拥有了多么响亮的名声，在某些人的眼中只不过是普通人而已。与水相比，虽然它总是向下，向下，可最终却流成了江河；与山相比，虽然它总是沉默，沉默，可最终却耸立成了风景；与秋天相比，虽然它总是沉静，沉静，可最终也带来了丰硕的果实。

所以，无论你有多么出色，都记得把自负和骄傲收起来。天外有天，山外有山，人外有人。唯有谦卑，才能让我们在无涯的学海中力求奋发；唯有谦卑，才能让我们在世事万变的人海里找到属于自己的位置；唯有谦卑，才能让我们的存在有了无法言传的尊严和价值。请永远保持一颗谦卑的心！

8. 学会忍让才能走向成功

孔子说，小不忍则乱大谋。也就是说，生活中，有些东西需要我们去忍一时，才会有更多的快乐。如果能将小事忍一忍，那么就不会有"小不忍则乱大谋"这样的失败之事了。

"忍"是一种自我控制，也是为人处世的一种精神境界，更是经过千锤百炼而形成的一种习惯。在现实生活中，人们为了做大事才会忍小节。不管是因为他人还是因事，在面对自己不利情况的时候，就要学会先退让一步，而不要去走极端。

从一件小事上，就能体现出一个人的修养和水准。如果在小节上能够表现得很好的人，他的成功之路定会少许多曲折。只有能忍小节的人，才能够经过百折千转之后，成就一番大事业。

《三国演义》中的张飞大家都不陌生吧！当他得知关羽被东吴所害的消息时，顿时旦夕号泣，血湿衣襟。身边的诸位将领都以酒相劝，但是张飞根本听不进去。等他酒醉后，怒气更是大。于是他下令军中，限三日之内置办白旗白甲，三军挂孝讨伐吴国。第二日，他帐下的两员大将范疆、张达入帐告诉张飞说："白旗白甲，一时无可措置，须宽限几日才可以。"张飞一听便大怒，喝道："我急着想报仇，恨不得明日便到逆贼之境，杀他们个片甲不留，你们怎么敢违抗我的命令！"说完，就让武士把他们二人绑在树上，每人在背上鞭打了五十下。打完之后，他又用手指着二人说："明天一定要全部完备，如果过了期限，就拿你们两个人的人头示众！"

范疆、张达二人回到营中后开始商议，范疆说："今日受了刑责，让我们怎么能够筹办？将帅性暴如火，如果我们明天还置办不齐，你我都会被杀头啊！"张达说："与其等着让他杀我，不如我们先去杀他。"范疆说："可是我们没有办法走近他。"张达说："如果老天让我们两个死，那么他就不醉好了；如果老天不想让我们两个死，那么他就醉在床上了。"二人商议停当。碰巧张飞这天夜里又喝得大醉，卧在帐中。范、张二人探知消息，等到初更时分，各怀利刀密入帐中，把张飞给杀了。

就这样，勇猛的张将军因一件小事而结束了他的一生，真是不值得啊！同时，这也告诫后人：该忍则忍，保全大局。既然木已成舟，又何必再去做那些图一时痛快而损害长远利益的事情呢？

金无足赤，人无完人。我们要用的是一个人的才能，而不是他的过失，为什么还要把眼光盯在那过失上呢？所谓忍小节，就是不去纠缠小节、小问题，而是要宽容待人。生活中，那些顾全大局的人，从不拘泥于区区小节；那些想成就一番大事的人，也从不追究一些细碎小事。如果他们因为一点瑕疵，就忍心扔掉玉圭，那他们永远也得不到完美的美玉。

康熙帝即位的时候，才8岁，还不能够亲自处理国政。遵照顺治帝的遗诏，由四个满族大臣帮助他处理国家大事，叫辅政大臣。在四个辅政大臣中，有个叫鳌拜的大臣，仗着自己掌握兵权，又欺负康熙帝年幼，于是独断专横，根本不把康熙放在眼里。

面对鳌拜一手遮天、作威作福的情形，康熙帝愤怒至极，忍无可忍之际，他就跑到院子里大喊道："我要杀了鳌拜，我一定要杀了鳌拜！"他的祖母听到后，赶忙上前把他拉回来，斥责他说："以鳌拜今日的权力和实力，他要想废你也是易如反掌的事，你难道要让爱新觉罗家族毁在你一个人手里吗?"康熙听完祖母的话后沉默了，再也没有提及诛杀鳌拜的事。

等到康熙帝14岁的时候，才开始亲自执政。这时候，另一个叫苏克萨哈的辅政大臣在处理一些政事时，和鳌拜持不同意见而发生了争执。对此，鳌拜一直怀恨在心，于是勾结同党诬陷苏克萨哈，并奏请康熙帝治苏克萨哈的罪。康熙帝不肯批准，鳌拜就在朝堂上跟康熙帝争吵起来。康熙帝非常生气，但是一想鳌拜势力不小，所以只好忍痛割爱，下令将苏克萨哈杀了。从那以后，康熙帝就暗下决心，一定要找机会除掉鳌拜。

直到康熙帝16岁那年，才设计将鳌拜擒杀。康熙帝足足忍了鳌拜8年。然而，在这难熬的8年之后，换来的则是长达61年的执政，开启了康乾盛世的繁荣景象。

人生不如意事十之八九。所以，要想在这个变化无常的世界里生存下去，必须学会"忍"。很多人之所以不能成大事，其中要害之一就是无谓地好争而不好让。"君子坦荡荡"，这是千百年流传下来的一种高尚品德。"忍"，不仅是一种魅力，更是事业有成之人的必备个性。

人们常说，百忍能成钢。这就告诉我们，只有忍住一时之气，才能够成就长久之功。现实是残酷的，也是无法改变的。如果我们时时反击，就会让自己陷入被动的误区，更有甚者会带来巨大的麻烦和损失。

当你不具备硬碰硬的条件时，不妨忍住一时之气，用另一种方式来对待它，或许还能收到意想不到的效果。所以，在生活中，我们必须要学会用理智来克制自己的情感，在需要的时候采取忍让的态度，这样才能够成就一番大事业。

9. 让人一码，心界更宽

人的一生不可能事事如意，总是会遇到一些坎坎坷坷。有的人之所以会有那么多的烦恼，就是因为他们遇事看不开，总是抱着"人争一口气，佛争一炷香"的想法，不肯做出退让；而有的人每天看起来都是那么快乐，就是因为他们在饱经人间沧桑之后，体会到了"让人一码，心界更宽"的境界。即使他们遇到了难以容忍的事，他们懂得退一步，让别人好过，也让自己好过。

宋朝时期，有一位尚书名叫杨玢。因为年纪大了，他便退休在家，无忧无虑地安度晚年。他家有一处传了几百年的祖宅，不仅宽敞、舒适，而且代代家族中人的事业也一直很兴旺，真可谓是家大业大人旺。

有一天早晨，杨玢像往常一样，吃过早饭后便钻进书房里读书，正读得起劲时，他的几个侄子突然闯进来，大声对他说："不好了，我们家的旧宅被邻居家侵占了一大半，你快点儿出去看看吧，这次我们绝对不能轻饶他。"杨玢看侄子们慌慌张张的样子，就说："你们先不要着急，慢慢说，到底发生什么事了？"侄子们缓了口气，继续说："邻居家侵占我们家的宅子了。"杨玢听后，不紧不慢地问道："他们家的宅子大，还是我们家的宅子大呢？"几个侄子疑惑地看着杨玢说："当然是我们家的大了。"于是，杨玢又接着问："他们侵占咱家的宅子，对我们有什么影响吗？"几个侄子异口同声地说："没什么影响。"其中一个侄子接着说："虽说没有影响，可是他们就不该这么做。再说了，他们有什么资格来侵占我们的祖宅，基于这点我们也不能放过他们。"杨玢听后，笑了笑没说话。

过了好大一会儿，杨玢指着窗外的落叶，对他的几个侄子说："你们看，我都这么大岁数了，总有一天会死。你们也有老的一天，也有死的一天，争那一点点宅地又有什么用呢？"侄子们明白了杨玢讲的道理，说："我们原本是要告他的，你看状子我们都已经写好了。"说完，侄子们便将状子呈给杨玢看，杨玢看后，拿起笔便在状子的最后写了四句话："四邻侵我我从伊，毕竟须思未有时。试上含元殿基望，秋风秋草正离离。"写完之后，杨玢再次叮嘱侄子们说："以后遇到什么事，一定要记住，在私利上要看透一些，遇事学会退一步，不必斤斤计较。"

故事中的杨玢，虽然旧宅受到了邻居的侵占，但他并没有计较那一点损失，更没有依仗自己昔日的权威去为难自己的邻居，这便是一种心胸与包容。可见，一个人如果凡事都能看淡，心绪就会平稳很多，生活也会幸福很多。

所以，适时地吞下一口气，让别人一码；潇洒地甩一下你的秀发，轻轻地付之一笑，便可以甩去你所有的烦恼，笑去你所有的恩怨。这时候你会发现，你头顶上的那一片天空依然那么蔚蓝，你的人生依然那么美好，你的生活也依然那么幸福。

10. 能忍则忍，一忍百安

有人说，忍是一种风格，是一种思想境界，也是一种科学的态度。在人生的道路上，人人都需要忍。忍，是平息争夺、和谐人际关系的前提条件。学会了忍耐，既可以使自己的心灵获得平静，又能为自己赢得良好的人际关系。

一天，某公司刚召开完会议，同事们从会议室走出来，每个人的神情举止都不一样。平时不太爱说话、也不爱跟别人计较的老马，回到自己的办公桌前，整个人看起来闷闷不乐的样子。坐在他旁边的老王看他跟平时不一样，于是关切地问："老兄，你这是怎么了？跟谁生闷气呢？咱公司谁能惹你生气呢？我可是从来没见你生这么大气。""除了主任，还会有谁？我已经忍无可忍了！"老马很生气地说。"你没看刚才开会，他总仗着自己的官比我们大，在总经理面前出尽风头。每次接受总公司分派下来的任务时，只要是失利了，他每次都会在总经理面前指责我，说我这做得不好，那做得也不好，把所有责任都推给我一个人。只要是盈利了，他就总是把所有功劳归于他自己，好像我一点儿份都没有，这叫什么人呀！"老王说："老兄，我看你还是忍耐一下吧。你想想，如果你现在跟他闹翻了，你们之间的矛盾就会加剧。长此下去，以后你们还怎么在一起共事呢？到时候，你们中总有一个人得离开公司。""可是我，我实在咽不下这口气，真的是太过分了！""其实，公司的很多事情总经理都了如指掌，他只是没有点破而已。再说，你应该体谅一下主任，毕竟他年事已高，有时候办事难免会犯糊涂，得过且过吧。"

老马听了老王的话后，觉得也有一定的道理。于是，他不再跟主任怄气，而是事事都忍让着，还像以前那样尊重他，听从他的安排。过了没多久，主任便向公司提出退休。离开公司之前，他还主动向总经理推荐老马，想让老马接替自己。总经理听完主任的推荐，也欣然同意了。

如果老马当初没有听同事的建议，没有忍让，而是对主任"以牙还牙"，或许他就不能够接替主任的位子。足以见得，在任何一家公司，那些人际关系不好，不懂得忍耐，经常和领导争吵的员工，是永远不可能受到重用的。

可见，在与人交往的过程中，忍耐可以称得上是为人处世的第一要则。

很多时候，你只要忍住一时的冲动，就能够远离祸患，为自己的前途开辟一条宽敞大道。

人们常说："忍常人所不能忍，成常人所不能成。"大家虽然都听过这句话，但是却很少有人把他放在心里。当然，这里所说的忍，并不是一味的忍气吞声、懦弱胆怯。因为忍也是有底线的：当忍时忍，忍则有益；不当忍时忍，忍则有害。可见，"忍"并不是一种懦弱，而是一种积极的进取。

现实生活中，我们难免会遇到一些鸡毛蒜皮的事情。这时候，就需要我们做到：能忍则忍，该说就说。聪明的人，就一定能够做到忍，而且又能自行解决，这是因为他们懂得忍耐的艺术。所以，为了顾全大局，只要你忍一忍，就一定可以做和谐的带头人。

11. 退让才能解开结

这个纷繁复杂的社会，有的地方隐藏着暗礁，有的地方弥漫着迷雾，小小的我们如汪洋中的一叶扁舟，如何才能到达成功的彼岸呢？这就需要我们懂得进退之理。

不管是在生活还是工作中，谁都不希望与别人结下仇怨。可是，人与人之间相处难免会产生各种各样的矛盾，难免会产生怨恨。对此我们该怎么办呢？是选择从此不再往来，还是选择理解对方，进行有效的沟通，从而化解仇怨呢？很显然，大多数人都会选择后者。

适时退让，并不代表惧怕，也不是软弱的表现，而是胸怀全局，抓大放小，重点突破，为了早日成功的一种策略。

在日常生活中，退让更是必不可少的。懂得退让，不仅是一个人胸襟、气度的显示，也是一个人文明与宽容的具体体现；懂得退让，不仅是一个人尊重对方的表现，也是创造和谐的友谊气氛的前提。如果不能忍受一点闲气，不肯给予别人方便，不肯让人一步，那么，就会让自己在以后的生活中处处碰壁，处处遭遇障碍。看下面这个故事：

从前，有一个农夫家里来了一位贵客。为了好好款待这位贵客，农夫决定亲自下厨，为贵客准备丰盛的饭菜，可是一走进厨房，发现家里连像样的菜都没有。于是，农夫就让儿子去集市上买菜买肉，还叮嘱他顺便买点好酒回来。

　　可是，过了好大一阵子，农夫还没看见儿子回来。农夫着急了，一来他不想让贵客就这样干等着，二来他担心调皮的儿子会出什么事。于是，农夫就想亲自上街去看个究竟。当农夫快走到街上时，远远地就看见儿子站在村头那座桥上一动也不动。走近一看，儿子的对面还站着一个年轻人，他们两个人正面对面僵持站着。

　　农夫马上走上前去，问道："儿子，你好端端地站在这儿做什么？既然已经买了酒菜，为什么不赶快回家？我还等着给家里的客人做饭呢！"儿子回答说："我刚买菜回来，正准备从桥这边过去，可是却碰到这个无礼的人，说什么也不肯让我过去。既然他不想让我过去，那我现在也不让他过来。所以，我就跟他这样僵持着，我就要看看，到最后究竟谁会让谁。"

　　农夫听完儿子的话后，马上附和着儿子说："儿子，你做得很对。这样，你先把酒菜拿回家去，让我来跟他较量，看看到底谁比较厉害。"于是，他替换下儿子，和那个年轻人一直僵持着，直到太阳落山，还在那儿站着，早已经把招待客人的事抛在脑后了。

　　这个故事就告诉我们，要学会退让。当两个人发生矛盾时，只要有一方选择退让一步，再大的问题也能很轻松地解决。也许有人会问，凭什么是我退让，而不是对方退让呢？如果发生矛盾的两个人都这样想，那么，这个结就永远也解不开了。再说，你主动退让了又有什么损失呢？说不定正是因为你的退让，还能够挽回一段友情，还能成就一桩大生意，也会有一个机遇降临于你呢！

　　所以，在生活中学会退让，就是不断反省自己、提升自己的过程，也是一种可取的人生态度。生活里如果多一点退让，生命就会多一分空间和爱心，而我们前行的路才会宽坦。同时，也只有那些能够退让自如的人，才能够站在云彩的另一端，静享清明世界。

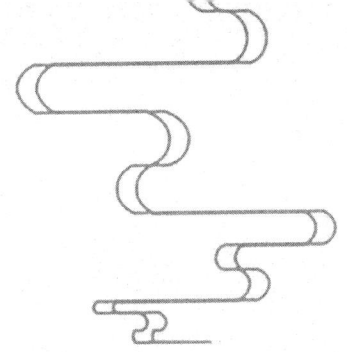

第五章

懂得忘却

——淡忘曾经，人生看得几清明

忘却就是一种宽容。每个人都有痛苦、烦恼和忧愁。忘记烦恼，你可以轻松地面对未来的考验；忘记忧愁，你可以尽情地享受生活赋予你的乐趣；忘记痛苦，你可以摆脱纠缠，让整个身心沉浸在悠闲无虑的宁静中，体味人生多姿多彩的缤纷。只有学会忘却，生活才有阳光。忘记过去的成败得失，以更加饱满的精神、愉快的心情、坦然的心境致力于今天的事业。

1. 学会忘记，人生才会快乐

"人生不如意事常十之八九"，这是我们在日常生活中遇到挫折时发出的感慨。的确，纵观芸芸众生，有谁能够一生都活得春风得意、一帆风顺？每个人的一生都不会一帆风顺，我们只有学会忘记，才能让自己生活得快乐。

有一位著名的作家名叫阿里。有一次，阿里约好朋友吉伯、马沙一起步行旅游。一路上，他们三人谈笑风生，好生快乐。当他们经过一处偏僻遥远的山谷时，马沙脚下一不小心，差点滑落下去。幸亏旁边有吉伯拼命拉拽他，这才将他救起。为此，马沙非常感激吉伯，于是就在附近的一座大石碑上刻下了："某年某月某日，吉伯救了马沙一命。"

三人继续行走了几天，当他们来到一处小河边时，吉伯跟马沙因为一件小事而吵起来，吉伯一气之下打了马沙一记耳光。马沙立即跑到沙滩上写下了："某年某月某日，吉伯打了马沙一耳光。"

几天后，他们旅游回来了，阿里好奇地问马沙："你为什么要把吉伯救你的事刻在一块石头上，而将吉伯打你耳光的事写在沙子上呢？"马沙回答："因为吉伯救了我，我永远都感激他，所以我一定要记住他。至于他打我耳光的事，我只是想随着沙滩上字迹的消失，而把此事忘得一干二净。"

这个故事告诉我们，牢记别人对你的帮助，忘记别人对你的不好，这才是处世的智慧。再看一则故事：

从前有一位老师，带自己的学生来到一座神秘仓库，并打开了它。只见这座仓库里装满了宝贝，还放射着奇光异彩，谁也不知道是谁存放在这里的。学生从未看见过如此眼花缭乱的宝贝，于是仔细地抚摸着这些宝贝，真是爱不释手。学生突然发现，这里的每件宝贝上都刻着清晰可辨的文字，分别是：骄傲、忌妒、痛苦、烦恼、谦虚、正直、快乐、爱情……面对这些漂亮的宝贝，学生的眼睛都快看花了，看一件爱一件，抓起来就往口袋里装。

可是在回来的路上，学生才发现，装满宝贝的口袋是那么沉。还没走出多远，他便感到气喘吁吁，两腿发软，脚步再也无法挪动了。老师说："孩子，我看你还是丢掉一些宝贝吧，后面的路程还长着呢！"

学生听完老师的话，恋恋不舍地在口袋里翻来翻去，不得不咬咬牙丢掉一两件宝贝。但是，由于宝贝太多，口袋还是很沉，学生只好一次又一次地停下来，咬着牙丢掉一两件宝贝。学生把"骄傲""妒忌""痛苦""烦恼"都丢掉了，才感觉口袋的重量减轻了许多。但是学生还是觉得它好沉，双腿依然像灌了铅一样的重。

老师又一次劝道："孩子，你再把口袋翻一翻，看还可以丢掉一些什么。"终于，学生把最沉重的"名"和"利"也翻出来丢掉了，口袋里只剩下了"谦虚""正直""快乐""爱情"……一下子，他感到说不出的轻松和快乐。但是，当学生走到离家还有一百米的地方，又一次感到前所未有的疲惫，他真的再也走不动了。"孩子，你看还有什么可以丢掉的，现在离家只有一百米了。回到家，等恢复体力之后还可以回来取。"学生想了想，拿出"爱情"看了又看，恋恋不舍地放在了路边，他终于走回了家。

可是，他并没有想象中的那样高兴，他一直在想着"爱情"。

这时候，老师过来对他说："爱情虽然可以给你带来幸福和快乐。但是，它有时也会成为你的负担。等你恢复了体力还可以把它取回，对吗？"

第二天，他恢复了体力，按着来时的路拿回了"爱情"。他高兴极了，感到无比幸福和快乐。这时，老师走过来摸着他的头，长舒了一口气："啊，我的孩子，你终于学会了放下。当你勇于忘记一切的时候，你就真正懂得了放下的惬意！"

由此可见，在人生的一些关口，只有学会忘记，忘记世间纷争，忘记失败的痛苦，才会让你舍得丢掉那些根本不值得你带走的包袱，才会让你在旅行的道路上更加愉快，才可以登得高行得远。

人们常说："举得起放得下的是举重，举得起放不下的是负重。"人生中，有时我们拥有的太多，心思太复杂，负荷太沉重，这些都大大妨碍了我们前行。所以，为了让自己的人生之路变得轻松快乐，请学会忘记。

2. 学会忘记，才能安享幸福

我们每个人都是赤条条地来到这个世界，身无任何外物。然而随着年龄的增长，附加于身心的东西就越来越多，世俗的名利、欲望、喜怒哀乐与得失成败也纷至沓来。于是，人们的心灵从此失去了曾经的天真无邪。面对这些，我们是抛开世俗、回归心灵的清澈，还是继续背负着它们艰难前行呢？下面这个故事或许能告诉我们答案。

宋国有一个叫阳里华子的人，中年之后得了健忘症，早晨用过的东西晚上就忘了，晚上拿过的东西第二天早晨又忘了；现在不记得从前的事，过后又不记得现在的事。为此，一家人很是苦恼，就请来算命先生为他占卜，却不灵验；又请来巫师为他作法，还是不见好转；最后请来医生为他诊治，也丝毫没有效果。

这时候鲁国有一个儒生主动找上门来，自称可以治疗这种疾病。阳里华子的妻子说："只要你治好他的病，我愿意拿一半的家产作为你的酬劳。"儒生说："这种病不是算命和作法能够免除的，也不是医药能够治好的。这需要我们攻心，解开他的思想疙瘩，或许就可以治好他。"

于是，儒生就让阳里华子脱光衣服，裸露身躯，他知道要去找衣服穿；不按时给他饭吃，他也知道去找饭吃；把他关在黑屋子里，他也知道去找光明。这时候，儒生高兴地对阳里华子的儿子说："你父亲的病可以治好了。但是，我治病的方法是自家世代相传的，不可以传至外人，你把所有的人支开，我要单独和他在屋里待七天。"家人听完儒生的话，也只好照他的话去办了。

七天过后，儒生真的彻底治好了阳里华子多年的健忘症。但是，阳里华子几乎完全变了一个人，怒逐妻子、臭骂儿子不说，还挥起戈矛要杀那个鲁国的儒生。有一个人看着这一切，实在不明白是怎么回事，于是拦住他问道："既然你的病已经全好了，你就应该感谢你的家人，感谢为你治病的儒生才对，为什么还要这样呢？"

阳里华子说道："从前我健忘，整天飘飘荡荡，不知道什么世界，也不知道有无，非常轻松自在。如今，我不再健忘了，几十年来的存亡得失、哀乐好恶都涌上心头。我只怕将来的存亡得失、哀乐好恶还会像现在这样，把我的心搅得乱七八糟。到那时，我再想忘记一分一秒还容易吗？"

这个故事告诉我们这样一个道理：对于生活中那些不如意的烦恼和不快，一定要学会忘记。

人生在世，总会经历各种各样的事情，也总会认识各种各样的人。而我们的心灵就像一个筛子，在世事颠沛流离中，总会对一些不开心的事念念不忘。而对于一个智者来说，他们忘记的是追求浮世的"功名利禄"之心，忘记的是他人的过失。培根也曾说过："一个念念不忘旧仇的人，他的伤口将永远难以愈合。"

庄子曾说："子非鱼，安知鱼之乐？"意思是说，你不是鱼，怎么能知道鱼的快乐呢？人是洒脱不到像鱼儿那样"转瞬即忘"的境界的，除非如阳里华子一样患了健忘症。但是，世间的有些东西，比如痛苦、失败以及仇恨，甚至是朋友的背叛，这些我们都是可以忘记的。

一支部队在森林里与敌人相遇，经过一场激战后，这支部队仅剩两名战士幸存了下来。更残酷的是，他们和总部也失去了联系。于是，这两名战士在偌大的森林中艰难跋涉，为了能够生存下去，他们互相鼓励、互相安慰，一直在等待总部的救援。可是，十多天过去了，他们还是没有与总部取得联系。

这一天，他们在森林中行走，一名战士幸运地捉到了一只小鹿。于是，他们靠着这点鹿肉，又艰难地撑了几天。也许是因为战争的缘故，许多动物都已经四散奔逃了，这以后他们再也没有捉到过任何动物。眼看着他们身上的鹿肉不多了，谁也舍不得吃。这仅剩的一点儿鹿肉就背在另一名年轻战士身上。这一天，他们在森林中艰难跋涉，再一次与敌人相遇。经过一次的激战，他们再一次巧妙地避开了敌人。就在他们自以为已经很安全时，只听一声枪响，走在前面的年轻战士肩膀上中了一枪，跟在后面的战士惊慌失措地跑了过来，抱着这名战友的身体泪流不止，并赶快扯下自己的衬衣，小心翼翼地为战友包扎伤口。

当天晚上，这名没有受伤的战士一直念叨着母亲的名字，他们都以为熬不过这一关了，尽管饥饿难忍，可谁也没有去动身边的鹿肉。谁也不知道那一夜他们是怎么熬过来的。第二天，总部发现了他们，他们终于获救了。

这件事虽然过去30多年了，当人们问起那名曾经受伤的战士当时是如何受伤的时，他说："其实我早就知道是谁开的那一枪，他就是我的战友。因为他听到枪声后，跑过来抱住我的时候，我碰到了他发热的枪管。当时，我也想不明白，他为什么要对我开枪？后来我知道了，他是想独吞我身上的鹿肉，想为了他的母亲而活下去。此后30年，我一直假装不知道此事，也从未跟人提及。残酷的战争，终究没能让这位战友见上他母亲最后一面，那天我和他一起祭奠了他的父母。之后，他就跪下来，请求我原谅他。我宽容了他，还和他成了好朋友。"

由此可以看出，正是"忘记"挽救了这两名战士。所以，我们也要学会忘记。在生活中，只有做一个豁达的人，才能够安享心灵的平静与幸福，才会发现幸福其实那么简单。

3. 烦恼，是因为不懂得忘记

有人说，学会微笑是生活的一门技术，学会忘记是生活的一门艺术。每个人都有烦恼，每个家庭都有苦衷。没有烦恼的人生是不存在的，也是不完整的。生活在这个矛盾的世界上，我们每个人都会遇到各种各样的挑战。人生也是如此，总会有各种烦恼困扰着你。殊不知，这些烦恼都来自于你的内心。自己如果不给自己烦恼，别人永远也不会给你烦恼。

在生活中，再快乐的人也都会有烦恼的时候。学会忘记，是保持快乐人生的一种方法。一切的烦恼，都是因为你不懂得忘记。所以，要想没有烦恼，就要学会忘记。看下面这样一个故事：

曾经有一位年轻的商人，虽然赚了几百万美元，可是他似乎从来都没有轻松过。他每天下班回到家里，便踏入餐厅中。餐厅中的家具都是胡桃木做的，十分华丽，还有一张大餐桌和六把椅子，但是他根本没有时间去注意它们。他在餐桌前坐下来，可不知道为什么，总是感觉烦躁不安。于是，他又从椅子上站了起来，在房间里走来走去。他心不在焉地敲着桌面，又差点被椅子绊倒。

这时候，他的妻子走了进来，在餐桌前坐下。他用手敲桌面，直到仆人把晚餐端上来为止。很快，他就开始狼吞虎咽地吃东西，他的两只手就像两把铲子，不断把眼前的晚餐一一铲进自己的嘴巴里。

吃过晚餐之后，他立刻起身走进起居室。起居室装饰得富丽堂皇：意大利真皮大沙发，地上铺着土耳其的手织地毯，墙上还挂着几幅名画。他拉开一把椅子，又顺手拿起一份报纸，急匆匆地翻了几页，然后瞄了瞄大字标题，然后就把报纸丢到了地上。紧接着，他又拿起一根雪茄。他一口咬掉雪茄的头部，点燃后吸了两口，便又把它扔到了烟灰缸里。他不知道自己该干点什么。突然，他从椅子上跳了下来，走到电视机前，打开电视机后，还没等到画面出现，又很不耐烦地把它关掉了。这一次，他大步走到客厅的衣架前，拿上他的帽子和外衣，想到外面去散步。

这位商人虽然在事业上十分成功，但却一直没有学会如何放松自己。他是一位紧张的生意人，并且常常放不下公司里的一些琐碎事情。为了争取成功与地位，他已经付出了自己全部的时间。然而，在他拼命工作、拼命赚钱的过程中，却无法放松自己，从而迷失了自己。

这个小故事就充分说明，人们在生活中，免不了会有一些事情占据在心间，让人吃不下、睡不着。然而，这些事情却没有人们想象的那么重要，只是庸人自扰罢了。如果我们能够适时地将心中的那些烦心琐事忘记，就一定能找回在生活中迷失的自我。

我们在与他人交往中，有时会产生不快，这些往往来自于对小事的斤斤计较。就因为一点小误会，就会让我们对他人耿耿于怀，锱铢必较。虽然人与人之间是存在许多分歧，但细细追究起来，也不过是一些小事罢了。但还是有一些人成天纠缠于鸡毛蒜皮之事，常常把自己搞得闷闷不乐、郁郁寡欢。结果，不仅破坏了与他人的友谊，在无形中也惩罚了自己的身心，为自己心里平添几多愤懑。可见，要想消除烦恼，就要学会忘记。只有做到既往不咎，才能使自己的生活更加快乐、轻松。

4. 忘记，是为了更好地开始

俗话说得好："旧的不去，新的不来。"意思是说，如果我们不能忘记陈旧的东西，又怎么能接受新的东西呢？人生就是如此，只有把自己"茶杯中的水"倒掉，才能让人生融入新的"茶水"。这也好比是一台电脑，如果我们不事先删除一些旧的程序和文件，又如何能够装得下新的程序和文件呢？

人的一生由无数个小片段组成，而这些片段可以是连续的，也可以是风马牛不相及的。说人生是连续的片段，无非是人的一生平平淡淡，周而复始地过着循环往复的日子；说人生是不相干的片段，无非是人的一生要经历许多事，但那终究属于过去，在下一秒我们将可以重新开始，忘记曾经的不幸，忘记曾经不如意的自己。

冉·阿让是雨果的名著《悲惨世界》里的男主角，他本是一个勤劳、正直、善良的人，但因穷困潦倒，度日艰难。为了不让自己的家人挨饿，迫于无奈，他偷了一块面包，被判了 5 年苦役。后因不堪忍受非人的监狱生活，屡次逃跑却没能成功，又被加重刑罚，被判苦役 19 年。

出狱后，他还是处处受警察的追逐，遭到社会的冷遇。他找不到工作，也没有饭吃。如此残酷的现实，使他产生了对人、对社会的强烈憎恨。从此，他真的成了一个贼，开始干一些顺手牵羊、偷鸡摸狗的事。警察也一直都在追踪他，想方设法搜寻他犯罪的证据，想把他再次送进监狱。但是幸运的他，一次又一次地逃脱了。

在一个风雪交加的夜晚，冉·阿让因为忍受不了饥寒交迫，昏倒在了路上。这时候，幸好有一个好心的老人路过把他救走了。这位好心人还把他带回了自己的家，但是，他却在好心人熟睡后，偷走了他房间里所有的银器。因为在他心中，他早已经认定自己就是一个坏人，坏人就应该干坏事。可是这一次他没有那么幸运了，他在逃跑的途中被警察逮了个正着，这次可谓是人赃俱获了。

于是，警察押着冉·阿让再次返回到那位好心人家，要让好心的老人辨认他失窃的物品。这下，冉·阿让真的绝望了，心想："这次是真的完了，这一辈子都只能在监狱里度过了！"可没想到的是，当警察询问好心人时，好心人却温和地对警察说："这些银器都是我送给他的，因为他走得太急，还有一件更名贵的银烛台忘了拿走，我现在就去取来！"

冉·阿让听了好心人的这一番话，他的心灵受到了巨大的震撼。警察面对好心人的回答，只好无奈地离开了。等到警察走后，好心人又对冉·阿让说："过去的就让它过去，重新开始吧！"

从此，冉·阿让洗心革面，重新做人。他搬到了一个新的地方，在那里，他每天都在很努力地工作，积极上进。功夫不负有心人，后来他真的成功了。而之后他都是在救济一些穷人，甚至还做了许多对社会有益的事情。

故事中的冉·阿让，经历了不少事情，但他最终还是忘记了过去的束缚，重新开始生活、重新做回自我。人们常说："好汉不提当年勇。"同样地，当年的辉煌只能代表我们的过去，而并不代表现在。过去的辉煌也好，失意也罢，如果太放在心上，就会在无形之中成为一种心理负担。

可见，只有学会忘记，才能够重新开始自己的人生。不管曾经怎么样，那都已经成为过去，珍惜现在才是最重要的；不管曾经是多么让你刻骨铭心，你都需要学会忘记。给自己的人生重新洗牌，就是给自己一个更加理想的人生。

5. 忘记并不等于逃避

人的一生中，总会遇到很多无能为力的事情，这时候就要学会忘记，而不要沉沦于痛苦中。人的生命是短暂的，是不能够承载太多的负荷的。况且一个人的精力有限，不可能背负太多。如果我们事事都想得到，反而事事都做不好。这就需要我们学会调整自己，学会忘记。因为忘记并不是逃避和屈服，而是一种智慧。

看罢下面这个故事我们就可以得到启发。

郑板桥曾任山东潍县知县一职。有一年因灾荒极重，甚至到了"人相食"的程度。由于他为人正直，为了救济众多灾民，不顾上司的反对，擅自打开粮仓，因此触怒了上司而被撤职。于是，郑板桥放弃了自己的功名，回到了家乡。

从那以后，他没有了官场的羁绊，便开始在家中潜心钻研字画。他的诗词工整隽永，书法疏放挺秀，画作清幽淡雅。他尤其擅长的兰花修竹，秀逸有致，格骨奇高，其间透出一种清高、一种脱俗。他的诗词字画各成一家，其许多作品都流传于后世，被视为收藏的极品。

从故事中可知，郑板桥放弃了功名，却成就了自己的美好人生。可见，只有那些懂得放弃的人，才能够更好地生存；只有那些聪明的人，才懂得何时该舍，何时该得。

从古到今，从国内到国外，许多功成名就的人都经历了放弃，才最终修成了正果。比如，梭罗为了要写一本书，曾经远离喧嚣，在偌大的森林中度过了两年零两个月又两天的隐士生涯。没有世俗的喧嚣、没有俗事的纠葛，林间湖上的美景和他的心灵产生共鸣，于是他的灵感也源源而来，最后终于写出了一部部传世名著。

当然，也有些东西是我们永远都不应该放弃的，如我们的尊严、理想、亲情、友情和爱情，这些都是我们人生中最宝贵的东西，是我们应该用生命去捍卫的东西。但是，我们要知道，惦记得太多也并非是一件好事，反而会让我们的心灵承载太重的负担。这时候，就需要我们鼓足勇气，卸掉心中的重负，这样幸福也就离我们不远了。

6. 忘记过去才会活得轻松

生活中，如果不愿意放弃，反而会失去更多的东西。要知道，今日的放弃也就预示着明天更好的启程。人们之所以牢牢地抓住那些已远去的日子，只是因为不敢或不愿意去面对现实而已。

著名的管理学大师彼得·德鲁克曾经说过："创新起始于舍弃，它不在于实施新措施，而在于舍弃的是什么。"旧的不去，新的不来，我们只有忘记那些经常困扰我们，且没有任何意义的烦恼，让新的思想和有意义的事物占据我们的心灵，才能够成就我们明天的幸福。

　　人生并非只有一处风景如画，天涯处处有芳草，别处的风景也许更加漂亮迷人。所以，我们要在特定的时点，审时度势，做出正确的选择，找到真正属于我们自己的生活目标。如果我们一味沉浸在过去的回忆里，那等于是在浪费自己的生命。要知道，选择什么样的生活，是我们自己的权利，这是别人永远也无法取代的。既然如此，为什么不勇敢地尝试改变，去另辟蹊径呢？

　　在现代生活中，有很多人坚持着"矢志不渝"的思想，守着最初的道路不放。如果我们坚信这条路是正确的，当然可以选择坚持下去；在经过实践证明这条路是错误的，那就应该毫不犹豫地退回来，走其他的路。因为守望一处错误的方向，会使我们失去发展的机会，甚至可能失掉成功的机会。

　　蒲松龄世称"聊斋先生"，出身没落地主家庭，一生热衷科举，却始终不得志。最后，他放弃了科考这条可能不适合自己的道路，而选择了著书立说这个方向。他立志要写一部"孤愤之书"。为此，他还在压纸的铜尺上镌刻了一副著名的对联：有志者，事竟成，破釜沉舟，百二秦关终属楚；苦心人，天不负，卧薪尝胆，三千越甲可吞吴。蒲松龄以此自警自勉。后来，他终于写成了文学巨著——《聊斋志异》，自己也成了万古流芳的文学家。

　　蒲松龄虽然科举落第与仕途无缘，但他敢于舍弃旧的方向，最终找到了成就自己的另一条道路。在这条新开辟的道路上，他取得了成功，也为后人留下了宝贵的精神财富。可见，有时候我们应该从新的角度去看待生活，看待自己。

　　在这个世界上，为什么有的人可以活得如此轻松，有的人却活得如此沉重？只因轻松者善于忘记，而沉重者却不懂忘记或者不能忘记。有时候，我们也应学学阿Q，对自己说："没有关系，旧的不去，新的不来!"这样，我们就会尝试着去忘记从前一些不开心的事，重新开始新的生活。

7. 善忘的人才幸福

人生只有短暂几十年，何苦让自己活得那么疲累，何不尝试着去忘记一些该忘记的，无论多么风光或多么糟糕的事情，终究会成为过去。所以，何必太在乎呢? 看下面一则故事:

有一天，颜回向他的老师孔子报告说:"我有点儿进步了。"孔子问他:"为什么这么说呢?"颜回说:"我已经忘掉仁义，没有是非观念了。"孔子说:"不错，可是还不够。"

过了几天，颜回又来见孔子，说:"我又有进步了。"孔子问:"为什么这么说呢?"颜回说: "我已经忘掉礼乐，没有什么规范了。"孔子说:"不错，可是还是不够。"

又过了几天，颜回跟孔子见面了，颜回报告说:"我又有了一大进步。"孔子问:"为什么这么说呢?"颜回说:"我已达到'坐忘'的境界了。"孔子神情一变，问:"什么是'坐忘'?"颜回说: "忘掉了自己的肢体，摆脱了自己的聪明，把形象和知识统统忘掉，与大道融为一体，这就是'坐忘'。"孔子听后，说:"如果真是这样，那么我愿意步颜回的后尘，也要'坐忘'!"

不管曾经是痛苦还是快乐，过去的就让它过去，因为我们的心承载不了太多的过去。

曾经有这样一位企业家，在玩了股票之后，转而去炒房地产。

为此，他把所有的积蓄和银行贷款全部投资在曼谷郊外备有高尔夫球场的 15 幢别墅上。但怎么也没想到的是，就在别墅刚刚盖好后，时运不济的他却遇上了亚洲金融风暴，他盖的别墅一间也没有卖出去，连银行贷款也没有办法还清。一夜间，企业家倾家荡产，甚至连自己安身的居所也被拿去抵押还债了。情绪低落的他已经完全失去斗志了，他始终也想不明白，从未失过手的他，居然会陷入如此困境。刚开始他承受不起此番沉重的打击，在他眼里看到的就是现在的失败，怎么也不能忘记自己曾经所拥有过的一切。

有一天，企业家在吃早餐时，突然想起太太做的三明治味道非常不错，于是他灵光一闪，与其这样失魂落魄下去，不如振作起来，从卖三明治开始。当他鼓足勇气向太太提议从头开始时，太太不但大力支持，还建议丈夫亲自到街上去叫卖。经过一番思索，企业家终于下定决心行动。从此，在曼谷的街头，每天早上大家都会看见一个头戴小白帽，胸前挂着售货箱的小贩，沿街叫卖三明治。

很快，"一个昔日的亿万富翁，今日沿街叫卖三明治"的消息传播开来，购买三明治的人也越来越多了。这些人中有的是出于好奇，也有的是因为同情，更多人是因为三明治的独特口味慕名而来。从此，三明治的生意越做越大，没过多久，企业家就走出了人生困境。

这位企业家之所以能失而复得一个美好的今天，是因为在曾经的失败向他发起挑战时，他没忘记先将身上的灰尘拍落，然后再轻松地与之应战。这也是他能够成为著名的企业家之一的关键所在。

在漫长的人生道路上，有着太多的酸甜苦辣、喜怒哀乐以及悲欢离合。如果你还在为过去或未来而烦恼，不妨学一学孔子和颜回，学一学坐忘的智慧，把所有痛苦或失败的事情统统忘记，给自己一个全新的开始。

8. 唯有放下，才会快乐

俗话说"拿得起，放得下"，该拿的应果断地拿起，该放的应洒脱地放下。该是你的，无论多么困难都要尽力去拼搏，去赢取；不该是你的，你就要学会大方地舍弃那些不应拥有的。

学会放下，是一种生活的智慧。人生在世，有些事情是不必在乎的，有些东西是必须清空的。拿得起，实为可贵；放得下，才更是人生的真谛。看下面一则故事：

从前，有一个富翁，做生意赚了一大笔钱。可是周围的人却发现，他总是一副忧心忡忡、闷闷不乐的样子。他的一个朋友感到很奇怪，就问他："你已经赚了这么多钱了，为什么还是闷闷不乐呢？你是还有其他什么心事吗？"他放低声音说："我是害怕有人来偷，又怕一些借钱不还的朋友来借，所以很担忧。"朋友听了顿感无语，只说了一句话："那你带着这些钱财，看能不能寻找到属于你的快乐。"于是，富翁便背着自己所有的钱财，到处去寻找快乐。然而，他跋涉了千山万水，也依然没有找到快乐。为此，他感到非常沮丧，便坐在路边唉声叹气。

碰巧在这时候，有一位农夫担着柴从山上走了下来，看到富翁一脸的不开心，农夫放下手中的担子，一边擦汗，一边向富翁打招呼。富翁就问农夫："你知道快乐在哪里吗？我找了好久都没有找到。"农夫听完，知道富翁是因为什么闹不开心了，于是指着自己的担子说道："知道啊，只要你放下了，那就是快乐。"富翁听完，顿时茅塞顿开："原来自己不快乐，只是因为自己背负得太多。为了那些生带不来、死带不走的钱物，整天担惊受怕，患得患失，怎么可能会有快乐可言呢？"

从那以后，富翁不再做守财奴，也不再那么看重自己的钱财，甚至开始用自己的钱财帮贫济困，做了许多善事。而他的生意也因为他的良好声誉，一天比一天红火。富翁终于找到了自己的快乐之道。

故事里的农夫与富翁的快乐都源于"放下"。农夫因放下肩上沉甸甸的担子而高兴，而富翁则是因放下了心头的负担而快乐。可见，拿得起是一种勇气，放得下是一种度量。对于自己的过去，我们没有必要耿耿于怀，无论是好是坏都已成为过去，况且生命并非只有那一处灿烂辉煌。

一位智者也曾说过："两弊相衡取其轻，两利相权取其重。"如果我们分不清是非，只认为人就应该永不放弃，那么到头来承担后果的只能是自己；如果我们只懂得抓住不放，甚至贪得无厌，那么在面对灯红酒绿的大千世界时，我们又该如何去抗拒诱惑呢？看现实生活中的一则实例：

有一天，一位母亲正在厨房里准备午餐。忽然，她听见从客厅里传来4岁女儿恐慌的叫喊声："妈妈，妈妈快来呀！"母亲一听，不知道发生了什么事，放下手中的菜刀，赶快跑到了客厅。这才发现，原来女儿的手被卡在一个花瓶中取不出来了，因此痛得哇哇直叫。母亲想帮女儿将手从花瓶中拉出来，可试来试去就是不行。看着女儿脸上挂满了泪水，母亲心疼坏了，当即找来一把铁锤，把花瓶敲破了。母亲费了很大劲，才将女儿的手从里面拉出来。这时，母亲看到女儿的小手紧紧攥成了一个拳头，怎么也不松开。母亲吓坏了，以为孩子的手在花瓶里卡得太久变了形。等母亲将女儿的拳头小心翼翼地掰开后，才彻底松了口气。可没想到的是，在她的小手心里紧紧攥着的是一枚 5 分钱硬币。这让母亲哭笑不得，因为她刚才敲碎的是一个价值 3 万元的古董花瓶。

原来，淘气的女儿在玩耍时，不小心将几枚硬币扔进了花瓶，她想把硬币取出来，可由于紧紧攥住硬币的拳头大过了瓶口，于是怎么也出不来了。母亲不由得问女儿："你怎么不把手松开，放下硬币呢？那样你的手就可以出来了，妈妈也就不用打烂这个花瓶了啊！"女儿的回答让这位母亲很意外，女儿说："妈妈，花瓶那么深，我怕我一放手，它就会跑掉了啊！"

为了一枚 5 分钱的硬币，毁坏了一个价值 3 万元的花瓶，确实让人有点无奈。虽然这事发生在一个 4 岁孩子身上，但其实这种现象在成年人身上也普遍存在。尤其是一些职场中人，正是因为他们将手中的东西抓得太紧，导致因小失大，最后导致悲剧的产生。

在现实中，我们没有通天的本领，这就注定了有些事情难以尽如人意，致使我们常常陷于"求不得苦"中，难以解脱出来。面对这些，我们想要身心得到自由，就要在生活中学会放下。因为放下是一种快乐，忘记是一种自由。

9. 忘却也是一种宽容

　　人生在世，不如意事十之八九。如果我们把所有的不如意都记在心上，那么，我们的人生必然痛苦失意，没有一丝希望。所以，我们要及时清理那些不愉快，忘却别人曾经对我们的伤害。因为唯有忘却，才是人生最大的宽容，也是对我们自己最好的爱。

　　忘却，它不仅能够让我们忘掉忧愁，忘掉憎恨，还能够让我们忘掉记忆里所有不该存留的东西。随着时间的推移，那些记忆只能使我们的痛苦更加清晰。这就需要我们学会忘却，从而解救自己。

　　古代有这样一首诗：春有百花秋有月，夏有凉风冬有雪。若无闲事挂心头，便是人间好时节。这是在告诫我们，记住某些事某些人，忘记某些事某些人，记住该记住的，忘记该忘记的，这样你才会有一个洒脱的人生，你的生活也才会变得更加美好。看下面这样一个故事：

　　有一个年轻人，酷爱茶壶。在他家中，到处都摆放着各个年代、各式各样的茶壶。只要他一听说哪里有好茶壶，不管路途多么遥远，他都要抽出时间亲自前往鉴赏。如果他看中了，即使花再多的钱他都舍得。而在他所收集的众多茶壶中，他最中意的就是一只龙头壶。

　　有一天，一个久未见面的朋友前来拜访他，年轻人甚是高兴，于是拿出这只龙头壶泡茶招待他。他们二人开心地畅谈着，朋友对用这只茶壶所泡的茶也赞不绝口，还因此好奇地将它拿起来观察，结果一不小心将它掉落到地上，茶壶应声破裂。一时间，屋子里陷入一片寂静，在场的所有人都为这只巧夺天工的茶壶惋惜不已。

这时候，这个年轻人站了起来，蹲在地上默默收拾着这些碎片，将它交给一旁的家人，然后又拿起另一只茶壶继续泡茶说笑，好像什么事也没发生过一样。事后，有人问他："这是你最钟爱的壶，被打破了，难道你不难过、不生气，也不为之惋惜吗？"年轻人说："事情已经是这样了，我苦苦留恋一只破碎的茶壶又有什么用呢？不如重新去寻找，也许还能找到更好的呢！"

在现实生活中，很多时候，我们总是对一些已经发生的事情耿耿于怀。殊不知，拿得起，放得下，才是让自己活得轻松的人生态度。人在生命的旅途中，终会发现一个简单的事实，即无论我们如何努力，我们也不可能得到世界上所有的好东西。即使我们选择拥有，但也不能保证我们永远拥有，迟早会有失去的一天。

泰戈尔曾说过："如果你为错过太阳而哭泣，你也将错过星星。"如果你总是为鸡毛蒜皮的小事斤斤计较，为陈芝麻烂谷子的小事耿耿于怀，终有一天你的心灵之船会不堪重负，记忆之舟也会承载不下，从而让痛苦的过去牵制了你的未来。殊不知，只有那些既往不咎的人，才是真正拥有快乐的人。

很久以前，有师徒二人一起下山去化缘。一路上，徒弟对师父都是毕恭毕敬，什么事都听师父的。当他们经过一条河时，发现这是一条没有桥的河，所以只有下河穿过。于是，他们二人都卷起裤腿，准备从浅水处蹚过河去。

这时候，一个年轻漂亮的女子也要过河。因为不知道河的深浅，这个女子不小心掉进了河里，而且正好是河水很深处，眼看这个女子就要被湍急的河水冲走了。于是，师父急忙飞奔过去，背起这个女子从河水的浅处蹚过河去。过了河，女子道谢后离开了。师徒二人又继续赶路。

一路上，徒弟都在想：师父怎么可以背那个年轻漂亮的女子过河呢？但他又不敢问，一直走了20里，徒弟实在忍不住了，就问师父："师父，你今天怎么犯了男女戒了？你怎么可以背那个女子过河呢？"师父淡淡地说："我把她背过河就放下了，可你却背了她20里还没放下。"

故事中师父的话充满意蕴，仔细想想，也是人生的大道理。人的一生也就像是一次长途跋涉，不停地行走，沿途会看到各种各样的风景，也会历经许许多多的坎坷。如果我们总是把走过去、看过去的都放在心上，就等于给自己增加额外的负担，还不如一路走来一路忘记，永远保持轻装上阵。过去的就让它过去，时光不可能倒流，我们除了汲取一些经验教训外，大可不必耿耿于怀。

人的一生中，难免会有许多痛苦、尴尬、恩怨，只要我们学会忘却，这些对身心有害的成分才会渐渐被冲淡，从而让我们脱离曾经受过的苦痛，从爱的心田中滋生一种宽容的心境。只有这样，我们才能拥有真正的快乐和幸福。

10. 忘记过去，善待自己

很多人之所以不幸福，就是因为那些不快的想法时常萦绕在他们的脑海中。只要我们稍微留意一下就会发现，只有那些懂得忘记的人才是最幸福的。过去的就让它过去，我们没有必要总跟自己过不去。殊不知，唯有学会忘记，才会让我们的心胸变得更加宽广，这对我们以后处理人际关系和事业发展也是大有益处的。

俗话说"覆水难收"，意思是说，漫漫人生是不可逆转的，当然也无所谓重新选择的机会。也许在你的生命里曾有过无数次的失败和伤痛，但那只是过去。如果你总是沉湎其中，只会是一种自伤。要知道，人生的经历是一种财富，积累需要一个过程，但这个过程并不需要太多的记忆，所以我们都要学会忘记。

在现实生活中，我们难免会遇到看不惯的人和事，但不同的人对待事情的处理方法就会有所不同。有的人会把气愤悄悄藏在心底，拧成一个心结；有的人会选择遗忘，把所有误会和不快统统忘记，给自己一个开朗的心境，也给别人一片灿烂的天空。

有一天，张女士跟同事们在一块儿闲聊，言谈间无意中得罪了一位同事，当时那位同事什么也没说就走开了。为此，张女士坐立不安，总担心她会生气，回到家后一夜辗转反侧，难以入眠。

到了第二天早上，张女士急匆匆地赶到单位，准备主动找那个同事道歉，将昨天的误会解释清楚。张女士怀着忐忑不安的心情，轻轻地推开了她办公室的门，却没有看到她想象中阴沉的脸，同事一脸阳光灿烂、神采飞扬地看着张女士。张女士小心翼翼地提起前一天的事："昨天的事是我误会了你……"话音未落，同事打断了她："昨天？哦，我都忘了，你还放在心上啊，过来喝一杯茶吧。"张女士听完那位同事的话，先是一愣，随即恍然大悟了。正是这一句"忘了"，化开了她们之间所有的尴尬，也解开了张女士的心结。

是啊，人生只有短暂几十年，何苦撑得那么疲累，我们何不学会忘记呢？人的一生中，总会遇到各种烦心事。只要我们坦然面对，学会忘记，以一个淡然的心态对待每一天，那么，我们的每一天都将是快乐的。

学会忘记，才能有一个洒脱的人生。只要我们尝试着忘记过去，试着将自己的心结打开，我们就会发现，原来我们所谓的痛苦也并不是紧紧困扰着自己，只是因为太多的原因、太多的无奈。

学会忘记，是一种人生境界。忘记昔日的成功，你才能从零开始，迈开今天前进的步伐；忘记曾经的失败，你才能充满信心，勇敢地面对未来的挑战；忘记朋友有意或无心的伤害，你才能建立至真至纯的友情；忘记对生活的给予，你便能抛弃回报的期待，变得更加潇洒。

当然，学会忘记，并不是忘记过去的一切。朋友间难忘的往事、真诚的鼓励，你需要牢记在心；亲人间关切的话语、真挚的关怀，你也需要常常温习。因为这样，你才不会在痛苦、失意和挫折面前垂头丧气，也不会对生活失去信心。可见，学会忘记就是善待自己。

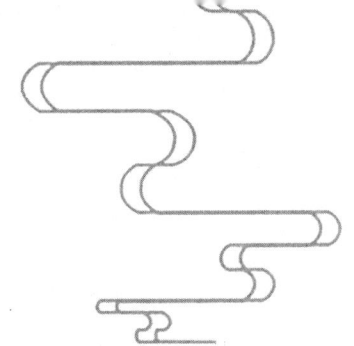

第六章

不计较

——放弃狭隘，给自己的心灵让路

人的一生非常短暂，我们没有必要事事都去计较，苦了自己，也苦了身边的人。不计较，属于你的，别人抢不走；不是你的，计较来了，也还是会失去。不计较，就没有锱铢必较的狭隘，你的胸怀就会豁达一些；不计较，就没有对手间的剑拔弩张，你与别人之间的关系就会很和谐。可见，人生真的不需要计较太多，轻装上阵，你的人生才会变得更加美好。

1. 计较是烦恼的开始

著名作家林清玄曾说："人要常有欢喜心，有虾摸虾，无虾洗裤，并常把福分给予别人。"可是，在现实生活中，有一些人即使摸到了虾，心里却还惦记着鱼；即使有一天摸到了鱼，心里却又想着什么时候可以得到美人鱼。如果有一天他发现，别人的虾比自己的多，就会唉声叹气，说自己运气不好；别人的鱼比自己的大，就会闷闷不乐，说老天不公平。计较来计较去，不但没能改变什么，反而给自己增添了不少烦恼。

一个爱计较的人，总是觉得世界对他不公平，认为上帝为每个人都打开了门窗，唯独对他，却紧闭了门窗。这样一来，他的心理便失去了平衡，而处于一种焦虑的状态。从此，他的生活中没有了快乐，有的只是烦恼和痛苦。在烦恼和痛苦的困扰下，没有一个好的心态，就难以获得轻松快乐的生活。

在人际交往中，只有怀有一颗谦卑的心，让周围的人都认可你、肯定你，这样你才能够获得真正的成功，也才会拥有真正的快乐。

林语堂和他的妻子廖翠凤的婚姻可谓是一段佳话。林语堂曾经说过："在婚姻中，一定要尽可能多地给予对方，而不要去计较对方能给你回报多少。"而在他们的婚姻生活中，他们夫妻俩真的做到了。

当廖翠凤与林语堂定终身时，廖翠凤的母亲却坚决不同意这桩婚事。因为那时候的林语堂只是一个家境贫寒的牧师的儿子，而廖翠凤却是首富廖家的二小姐。当廖翠凤问母亲为什么不同意时，母亲只说了一句"家里太贫穷，怕你嫁过去会受苦"。廖翠凤却很坚决地说："我不害怕贫穷，贫穷又算得了什么呢！"就是她这一句话，让林语堂加深了对她的爱慕之情，最终成就了她与林语堂的婚姻。

1919 年初，林语堂与廖翠凤正式举办了婚礼，两个人的幸福生活开始了。有一天，林语堂把妻子拉到跟前，说有事要跟她商量。廖翠凤看他神神秘秘的样子，猜不出他到底要干什么。林语堂这才很严肃地说："我们把结婚证拿去烧了吧，反正只有在离婚的时候才用得着。"廖翠凤困惑不解，以为林语堂不重视他们之间的婚姻。林语堂看出妻子开始胡思乱想了，于是解释道："烧掉结婚证，就表明我们两个永远相亲相爱，永不分开。"廖翠凤这才明白了，就答应了林语堂的要求。

结婚没多久，林语堂和廖翠凤决定一起去美国哈佛大学求学。他们在哈佛读了一年后，两个人的助学金被双双停了，他们的日子便开始过得有点拮据了。于是，林语堂只好前往法国打工，后来又去了德国。林语堂先是在耶鲁大学攻读，没过多久就获得了哈佛大学的硕士学位。后来，他又到莱比锡大学攻读比较语言学，最终获得了博士学位。在这几年中，每次经济困难时，都是靠廖翠凤变卖自己的首饰来维持生计。

林语堂在与廖翠凤相处的过程中，如果廖翠凤生气了，林语堂便一句话也不说；如果他们真的吵架了，林语堂也不放在心上。他的观点是："少说一句，比多说一句好。如果有一个人不说，那就更好了。"他认为，夫妻之间拌嘴，无非就是意见不合。如果两个人为了一个观点争吵不休，只会徒增摩擦和烦恼。与其让彼此不痛快，倒不如有一个做出让步，让彼此都好过。

曾经有人问林语堂夫妇："能否说说你们之间的爱情能够保持这么久的秘诀吗？"他们夫妇二人异口同声地说："没有什么秘诀，只有两个字'给'与'爱'。"

所以，在家庭生活中，如果我们计较得太多，生活将无法继续下去。要想维持好一段婚姻，仅仅有爱情、亲情是不够的，还必须得有包容心。凡事如果计较得太多，不但徒增了烦恼，还会失去家庭的和谐。可见，不计较是一种宽容，是一种智慧，更是一种责任。

在生活中，一个有智慧的人，会有所不为，只计较对自己有用的东西，知道自己该计较什么、不该计较什么。而也有一些愚钝的人，终日计较自己得到的够不够多，够不够完美。殊不知，在无形之中，他们已经失去了内心需要的那份快乐，而给自己的生活增添了不必要的烦恼。

人世间的得与失没有恒定的标准，关键就在于你怎么去看待。如果你在面对失去时，总是一副痛苦不堪的样子，那么，在情绪的天平上，你烦恼的砝码就会增加。相反，如果你不去计较得失，快乐潇洒地去看待这一切，你会发现，其实你的生活并没有那么多的负担。这时候，你会觉得自己很轻松、很快乐。

2. 容人之过，才能用人之才

古人云："冤冤相报何时了，得饶人处且饶人。"这是一种宽容，一种博大的胸怀。诚然，对于别人的过失，虽然必要的指正无可厚非。但如果我们能以一种博大的胸怀去宽容，就会让自己的情绪变得更加积极，让自己的精神世界变得更加精彩。由此可见，宽容别人的过错，不仅是一种进步，更是一种成人之美。

17 世纪，丹麦和瑞典发生了一场激烈的战争，丹麦战胜了瑞典。在战争结束以后，一个疲惫不堪的丹麦士兵坐下来，正准备取出壶中的水解解渴。就在这时候，他听到一阵哀号的声音。他放眼望去，原来在他的不远处躺着一个身受重伤的瑞典人，这个人正双眼盯着他的水壶，他的嘴唇干得似乎快要裂了。

丹麦士兵看他可怜的样子，一边将水壶送到伤者的口中，一边说："看来你比我更需要水。"可是，这个瑞典人非但没有感激他，竟然从身后拿出一个长矛刺向他，幸好偏向了一边，只伤到他的手臂。丹麦士兵说："你就是这样回报我的啊？我原本打算把这一壶水都给你喝的，现在看来只能给你一半了。"

没过多久，这件事就传到丹麦国王的耳朵里了。于是国王特别召见了这个士兵，然后质问他："你为什么不把那个忘恩负义的家伙杀掉呢？"这个士兵轻松地回答："因为我不想杀一个手无缚鸡之力的人。"

这个故事，让我们看到了人性善良的一面。一开始也许我们会想：那个被刺的丹麦士兵肯定要回刺一枪，因为连我们都觉得那个瑞典人做得不对，他实在不应该向一个送水给他喝的人做出如此粗暴的举动。同时，这个小故事也让我们看见，在别人忘恩负义之后，仍保有一颗饶恕的心，这是一种更博大的胸怀。

在现实生活中，难免会发生这样那样的事：你亲密无间的朋友，无意或有意做了伤害你的事。你会选择宽容他，还是从此绝交，或待机报复呢？

宽容，作为一种美德，受到了人们的广泛推崇；作为一种人际交往的心理因素，越来越受到人们的重视和青睐。美国第三任总统杰斐逊与第二任总统亚当斯从交恶到宽容就是一个非常生动的例子。

杰斐逊在上任前夕，曾亲自去白宫就是想告诉亚当斯，说他真的希望针锋相对的竞选活动并没有影响到他们多年来的友谊。但是，就在杰斐逊还没有来得及开口时，亚当斯就已经控制不住心中的怒火，对着杰斐逊大吼起来："就是你把我从白宫赶走的！就是你把我从白宫赶走的！"从那之后，他们两个人之间便结下了仇恨，彼此都充满着敌意。就这样，他们两个人不说话有好多年。

直到后来有一次，杰斐逊的几个邻居因有事到亚当斯家里拜访，亚当斯仍在向他们诉说着当年那件令人难堪的事，亚当斯说："这些年里，我一直都很欣赏杰斐逊，到现在也仍然非常欣赏他。"

后来，那几个邻居碰到杰斐逊时，就把亚当斯的那番话传给了杰斐逊。杰斐逊听了之后很是感动，于是便请了一个对他和亚当斯都非常熟悉的朋友替他们传话。当亚当斯也得知杰斐逊一直在乎他们之间的深厚友谊时，也及时回了一封信给杰斐逊。从此以后，他们两人又开始了书信往来。而他们之间的怨恨和敌意也得到了进一步的化解，两个人也更加珍惜彼此之间的深厚友谊了。

这个例子告诉我们，宽容是一种多么可贵的精神。宽容不仅能将彼此的敌意化解成友谊，还能让发生矛盾的双方更加珍惜彼此之间的情谊，甚至能将彼此之间的友谊之桥修建得更加稳固、结实。

可见，在人的一生中，退一步海阔天空，忍一时风平浪静。凡事都要用发展的眼光去看待问题，多给他人留下一点空间。用一颗包容他人错误的诚心，让他人在不尴尬中醒悟，于不见不闻中修正自己的思想航向，何乐而不为呢？

3. 感谢指出你错误的人

乔布斯曾经说过这样一段话："犯错误不等于错误，从来没有哪个成功的人没有失败过或者犯过错误。相反，成功的人都是犯了错误之后做出改正，然后下次就不会再错了，他们把错误当成一个警告而不是万劫不复的失败。"

如果有人在我们需要帮助的时候，及时给予我们帮助，我们就会发自内心感激他们；如果有人在我们需要安慰的时候，及时给予我们鼓励和肯定，我们会发自内心赞美他们。可是，如果有人在我们犯错的时候，大胆给予我们一些否定或建议的时候，我们还会不会依然心存感激呢？

每个人在成长的过程中，都避免不了会犯错误，没犯过错误的人是不存在的。在现实生活中，当别人给你指出错误，能够做到虚心接受，并且及时改正的人，是为数不多的；当别人指责你的错误，能够做到虚心听取，之后不再犯同样的错，这样的人更是少见。

曾经有一位表演大师，在即将上场前，他的一位弟子看见他的鞋带松了，就及时提醒了他。大师点头致谢，然后蹲下身子仔细地将鞋带系好。等到那个弟子转身离开时，大师又蹲下来将鞋带松开了。

大师的这一举动恰巧被另一位弟子看到了，于是很不解地问："师父，您刚刚才把鞋带系紧，为什么现在又将鞋带松开呢?"大师微笑着回答道："因为我现在饰演的是一位旅行者，长途跋涉让他的鞋带松开，我们可以通过这个细节来表现他的劳累憔悴。"

"那你刚才为什么不把这一切直接告诉我师兄呢?"另一位弟子追问道。"他能够细心地发现我的鞋带松了，并且热心地告诉了我，我怎么能一口拒绝他呢? 我一定要保护他这种热情的积极性，及时地给予他鼓励。至于为什么将鞋带解开，以后将会有更多的机会教他表演，可以等到下一次再说啊。"另一位弟子听完师父的话后，这才恍然大悟。

故事中的大师，正是因为他能够保护指出他缺点和错误的人的积极性，所以他成了大师。如果我们在平静的情况下，也能够做到虚心接受别人的批评，及时反省自己和改正错误，并且对敢于指出错误的人充满感激，这的确需要一定的胸怀。

生活中，当别人指出你的不足时，你也许会感到羞愧、满心的不服和抱怨。但事后仔细一想，别人给你的批评总是有一些道理和依据的。

或许，别人在给你指出错误时，可能说话的场合你认为很不适合，比如当着朋友和同事的面指出你的缺点，这样会让你觉得很没面子；也可能说话的语气让你觉得不舒服，让你在没有考虑你自己是否有错误之前，潜意识里从别人的语气里就拒绝了批评指正。现实中，这样的情况很有可能发生。如果发生了这样的情况，那就应该做到以下三点。

第一，不论别人在指出你的错误时，是在哪种场合或以哪种说话方式，你都要首先感谢他们的好意，因为他们的初衷一定是好的。他们完全可以看着你犯错误而不提醒你，或许至今你也不会知道你在别人看来是有错误的。

第二，让自己少些缺点，尽可能地去完善自我，因为完善自我对每个人来说都是非常重要的。当然，你完全可以忽略他们的说话语气和方式，只接受他们的批评，然后勇敢地改正错误就是了。

第三，你要知道没有人会为你的错误买单，包括那些指出你错误的人。所以，那些敢于指出你错误的人，是在想办法帮助你，让你尽快走出误区。

人们常说，当局者迷，旁观者清。意思是说，我们对别人的认识总会比对自己的认识要深透得多、彻底得多。我们往往可以看到别人的缺点，却很少能够认清自己的不足。"人非圣贤，孰能无过，知过而能改者，善莫大焉。"所以，一定要感谢指出你错误的人，就像感谢给你带来帮助的人一样。

4. 别让忌妒蒙蔽了你的心

当年，有个叫刘伯玉的书生与妻子段氏住在河附近，他妻子忌妒心非常重。有一次，刘伯玉不知从哪里得到了《洛神赋》，于是便开始作诗，还时常在段氏面前诵咏，并说能娶到洛神这样的女子才是人生一大快事。段氏一听立即妒上心头，恨恨地对刘伯玉说："你不是想娶水神吗？老娘现在就是水神啊！"于是，段氏连夜投江而死。

后来，人们就将她投水的地方称为"妒妇津"。相传段氏死后化作河神，因其妒意未消，才继续兴风作浪的。所以凡女子渡此津时都不敢化妆，否则就会风波大作。而那刘伯玉，自发妻投江后，便异地而居，终生不敢再去河边。

由此可见，忌妒是一种多么恶劣的情绪，一个心怀忌妒的妇人，居然可以做出如此鲁莽的事情来。所以，一定不要让忌妒之心遮住你宽阔的心。

在生活中，不可能有十全十美的人，无论我们做得多好，还是会碰到比我们更好的人。当更好的人出现时，忌妒的情绪就可能悄悄在我们的心中萌芽。这时候，我们一定要控制好自己的情绪，不要让忌妒影响了我们的行为。

从前有一个年轻人，整天好吃懒做，生活过得一塌糊涂。看到邻居家的日子过得一天比一天好，而自己家却依然一贫如洗，于是，他就去找上帝帮忙，上帝说："现在，我可以满足你任何一个愿望，但前提是你的邻居会得到双份的报酬。"

那个人听了高兴不已，但是转念一想：如果我得到一份田产，邻居就会得到两份田产了；如果我得到一箱金子，邻居就会得到两箱金子了；更要命的是，如果我得到一个绝色美女，那么邻居家那个可恶的家伙就会得到两个绝色美女……

他想来想去，总觉得提出什么要求邻居都占便宜，他实在不甘心被邻居占便宜。最后，他一咬牙，对上帝说："你挖掉我的一只眼睛吧！"

故事中的这个人，因为忌妒邻居比自己得到得多，所以就想出了一个挖掉自己一只眼的愿望。正是忌妒，让他使灾祸降临到他人身上，而自己也面临不幸。这便是忌妒的危害，不仅腐蚀了人的心灵、玷污了人的灵魂，最终也使自己陷入泥潭无法自拔。

所以，在今后的生活中，我们应该尝试着把忌妒变成自己向上的动力，进而化作我们前进的压力。把压力转化为前进的动力，这又何尝不是一件幸事呢？

5. 宽容化解仇恨

俗语说得好："宰相肚里能撑船。"一个人若胆量大、性格豁达，就能纵横驰骋；一个人若纠缠于无谓的鸡虫之争，非但有失儒雅，而且会终日郁郁寡欢。那些对世事心平气和、宽容大度的人，则处处契机应缘、和谐圆满。

很久以前有一位国王，他有三个儿子。眼看着自己一天天变老，国王决定将自己的王位传给三个儿子中的一个。可是，到底要把王位传给哪一个儿子呢？国王冥思苦想，终于想出了一个办法。

有一天，国王把三个儿子叫到跟前，说："我已经老了，决定把王位传给你们三兄弟中的一个。但是，有一个前提条件，你们三个都要花一年时间去游历世界，一年后回来告诉我，你们在这一年内所做过的最高尚的事情。只有那个真正做过高尚事情的人，才可以继承我的王位。"很快，一年时间过去了，国王的三个儿子都陆续回来了。国王便要他们三个人都讲一讲这一年来的经历。

大儿子得意地说："我在游历世界的时候，曾经遇到了一个富人。他非常信任我，还把他的一袋金币交给我保管。可是不幸的是，那个人出意外去世了，于是我就把那些金币原封不动地交给了他的家人。"国王点点头，说："你做得很对，但诚实是你做人应该具有的品德，所以不能算是高尚的事情。"

二儿子自信地说："当我旅行到一个湖边的时候，看到一个可怜的老乞丐不幸掉到湖里了，于是，我立即跳下马，从河里把他救了起来，并留给他一大笔钱。"国王又点了点头，说："你做得很好，但救人是你的责任，也算不上是高尚的事情。"这时，富翁又看了看三儿子："你呢？"

三儿子迟疑地说："我没有遇到两个哥哥的那种事。在我旅行的时候我遇到一个人，他总是千方百计地想陷害我，有好几次我差点就死在他的手上。可是，有一天我经过悬崖边时，看到那个人正在悬崖边的一棵树下睡觉，当时我只要一抬脚就可以轻松地把他踢到悬崖下。我想了想，觉得不能这么做，正要离开时，又担心他一翻身掉下悬崖，于是我就叫醒了他，然后就继续赶路了。这实在不算做了什么大事。"

国王听了三个儿子的话，点了点头说道："诚实、见义勇为都是一个人应有的品质，算不上是高尚的事情。唯有能帮助自己的仇人，才算得上是一件高尚而神圣的事。"接着，国王严肃地说，"只有老三做了一件高尚的事，所以从今天起，我就把王位传给他。"

从这个故事我们知道，只有豁达宽容的人，才称得上是品德高尚的人，才可以享受人生的最高境界。所以，我们不要仇视别人，要懂得宽容。要知道，唯有爱才能化解仇恨。所以，做人必须要学会宽容。

北宋初年，郭进任山西巡检时，有个军校到朝廷去控告他。宋太祖召见这个军校，审讯后知道是陷害，就将他押送回山西，交给郭进，让郭进亲手杀了他。当时正赶上有外敌入侵，郭进就对军校说："你敢诬告我，说明还真有点胆量，现在我赦免你的罪过，如果你能出其不意，打败北汉军马，我就向朝廷推荐你做将军；如果你打了败仗，就自己去投河自尽，不要弄脏了我的剑。"这个军校在战斗中奋不顾身，英勇杀敌，打了大胜仗。郭进就向朝廷推荐了他，使他做了将军。

由此可见，如果你能够宽容一个人，他必将还你一个惊喜。

所以，无论什么时候，都不要忘了宽容。

6. 豁达一点，让人生更精彩

有句古话说得好："心旷则万钟如瓦缶，心隘则一发似车轮。"意思是说，一个心胸豁达的人，即使是万钟的丰厚俸禄，也会被看成像瓦罐那样没有价值；一个心胸狭隘的人，即使是如发丝一般细小的利益，也会被看成像车轮那么大。

古往今来，人们总是把那些有着像大海一样宽广胸怀的人看作是可亲可敬的人。那些建功立业，取得巨大成就的人，绝非是胸襟狭窄、小肚鸡肠的人，而是襟怀坦荡、豁达大度的人。

豁达的人，不会因自己一直想得到的东西没得到而耿耿于怀，也不会因芝麻大点小事而自寻烦恼，更不会为了赢得上司的一句赞美之词而劳心费神。因为在他们心中，是自己的终归是自己的，不是自己的，抢也抢不来。人生之路需要宽以待人，成功之路更需要宽以待人。敢容纳比自己强的人，北宋的欧阳修便是这一信条的实践者。

嘉祐二年（1057 年），欧阳修以翰林学士身份担任这一年礼部省试的主考官，他一直提倡平实的文风。当他阅到《刑赏忠厚论》这篇文章时，顿时感觉眼前一亮，觉得这篇文章无论从文采还是观点来看，都可以把它列为第一。当时，欧阳修的"入室弟子"曾巩也参加了这场考试，由于考卷上考生的名字都是封住的，欧阳修以为这篇文章就是他的学生曾巩所写，他又担心把自己的弟子列为第一会遭人闲话，于是只取为第二名进士。

复试时，欧阳修又见到一篇《春秋对义》，赞叹之余，便毫不犹豫地将其列为第一名。后来，欧阳修才知道，《刑赏忠厚论》不是他的弟子曾巩写的，而是初出茅庐的苏轼所写。复试时的那篇《春秋对义》也是苏轼所写，欧阳修从心里觉得很对不住苏轼，竟让他屈居第二。从那以后，他看到苏轼送来的文章更是赞不绝口。

于是，欧阳修便写信给当时名望颇高的梅尧臣说："苏轼的文章实在是好，老夫当避路，让他出一头地。"于是，苏轼在得到欧阳修等众多成功人士的指示和点评后，文章写得越来越好，后来果然成名了。

曾经有人提醒欧阳修说："苏轼才学极富，若公识拔此人，只怕十年之后，天下人只知苏轼而不知有公。"欧阳修听后，只是一笑了之，他以宽容的胸怀，由衷地希望别人进步、成长。欧阳修不仅扶植了苏轼、曾巩、苏辙等人，也为北宋文坛的繁荣奠定了坚实的基础。

可见，那些胸怀宽广的人，只为自己崇高的理想而付出，以天下为己任，"先天下之忧而忧，后天下之乐而乐"。他们视名利淡如水，把荣辱化烟云，遇挫折不灰心，有"山临绝顶我为峰"的潇洒，也有"梅花傲雪姿争艳"的高洁。

相反，那些心胸狭窄的人鼠目寸光，总是为了区区小事而斤斤计较。他们总是害怕别人会超过自己，害怕别人会走在他们前面，于是整天一副心神不宁的样子。还有一些忌妒心极强的人想方设法诬陷好人，坏事做尽，最终只能使自己成为孤家寡人。看下面一则故事：

唐代有个大臣叫李林甫，是一个不学无术的人。他什么事都不会做，专学了一套奉承拍马的本领。当时，他知道自己在朝廷中的名声不好，凡是大臣中能力比他强和受到唐玄宗重视的官员，他都千方百计地想要把他们排挤掉。此人做事阴险狡诈，表面上对人甜言蜜语，背地里却阴谋暗害。所以，当时的人们都称他为"口蜜腹剑"。当时在朝为相的还有张九龄、裴耀卿、李适之等忠臣，这几个人也都被他排挤罢相。李林甫为了专权固位，还竭力阻塞言路，屡兴大狱，排除异己，导致冤案连连。

有一次，唐玄宗在勤政楼上隔着帘子眺望，看到兵部侍郎卢绚骑马经过楼下。唐玄宗看到卢绚风度很好，便随口赞赏了他几句。第二天，李林甫得知这件事后，就把卢绚降职为华州刺史。卢绚到任不久，又被诬说他身体有病不称职，再次降职。

李林甫当了19年宰相，一个个有才能的正直大臣全都遭到排斥，或杀或贬，一批批钻营拍马的小人都受到重用提拔。李林甫专权跋扈、祸国殃民，这时候"开元之治"的繁荣景象已荡然无存，接着又出现了"天宝之乱"。

等到李林甫死后，人们才松了一口气，都骂他"死有余辜"。这时有好多人告发李林甫与番将阿布思谋反，唐玄宗遂追削李林甫官爵，籍没其家产，子婿流配。人们都说李林甫是"恶有恶报"，罪有应得。

可见，只有具备豁达的心胸和容人的雅量，才能给人以温暖、感化和醒悟。

生活中，我们之所以说某些人心胸宽广，是因为这些人虚怀若谷，有海纳百川的度量。

我们要学会顺应自然，面对现实，笑对人生；让人与人之间多一点豁达、多一点宽容、多一点关爱。那么，世界就会更加美好。

7. 原谅比指责更有效

在一个炎热的中午时分，你挤进了十分拥挤的地铁里。这时候，你又被一个莽撞的人狠狠地踩了一脚。被挤得窝火的你在面对别人的道歉时，如果能够说一句"没关系"，实在是非常难得的一件事。大多时候，人们在面对这一情形时，都会忍不住发火，甚至会责骂对方。如果对方的态度又不好，还有可能发生争吵。

细想一下，此时的指责和争吵能够给自己带来什么呢？它只能把你心中的不痛快通过责骂对方而发泄出来。这样做的后果便是让事态朝着更坏的方向发展。如果此时的你，能够平心静气地说一句"没关系"，不仅缓和了自己的情绪，还可以赢得别人的尊重。可见，有效的原谅比指责更为明智。

从前，有一个花匠，不知道因为什么事，得罪了邻村的一个农夫。于是，农夫每次看见这个花匠，就指桑骂槐，不给花匠好脸色。后来，农夫觉得这样奚落他，还不过瘾，于是想好好羞辱花匠一番，才觉得解气。

有一天，当农夫知道花匠快要过生日了，便给他准备了一个特别的礼物。在过生日那天，花匠看到自家门口多了一个盛骨灰的陶瓷罐。花匠摸了摸这个陶瓷罐，然后微微一笑，不用多想他就知道，这个"礼物"肯定是那个小心眼的农夫送来的。

花匠的儿子知道了这件事，顿时勃然大怒，拿着铁棍就要去找农夫算账。花匠一把拉住了儿子，他微笑着对儿子说："咱家那盆玉兰不是没地方栽种吗？你可以把它挪到这个花盆里，不是挺好的吗？"

于是，花匠的儿子便将玉兰栽在了这个骨灰罐里。没过多久，玉兰花开了，还开得格外艳丽。恰巧那天又是农夫的生日，花匠便捧着这盆漂亮的玉兰花前去拜访。农夫看到花匠手中的花，顿时羞愧得无地自容。从那以后，他们两家便和好如初了。

这个故事就告诉我们一个道理，在处理矛盾的时候，原谅比指责更为有效，而且有着截然不同的效果。如果你选择原谅对方，可以给一个人带来友谊；如果你选择指责对方，只会加深一个人的仇恨。故事中的这个花匠，用自己的大度，原谅了这个小心眼的农夫，从而打破了僵局。正是这盆盛开的玉兰花化解了两家人的仇恨，同时也带去了花匠宽宏、仁慈的心。

在现实生活中，当你打算用愤恨去解决一些事情时，不妨用包容去尝试一下，或许它能帮你解决矛盾，化干戈为玉帛。

人们常说："生气是用别人的过错来惩罚自己。"如果一个人总是对别人的过错念念不忘，实际上是对自己的一种折磨。而如果我们能够做到原谅他人的过错，就会发现，其实原谅比指责更能达到预期的效果。

8. 忍耐是一种宽容

一个人的忍耐力有多大，成就就会有多大。我们每个人都渴望成功，希望干出一番事业，实现自己的人生价值。但是，那些缺乏毅力的人，却总是不能全神贯注地去做一件事情，永远只会在患得患失中过日子，更别说树立什么宏大志向了。

在人生道路上，如果我们选择放弃，对奋斗目标总是用心不专，对工作也总是懈怠逃避，那注定会失败；如果我们选择勇敢面对，用坚定和执着竭尽全力地去实现自己的目标，就肯定会取得成功。所以，我们没有必要怨天尤人、慨叹命运，而要有一颗忍耐的心。

对一个人忍耐，并不是懦弱的表现，而是一种宽容美。生活里，我们总是会遇到很多不公平的事情，也会遇到很多让你无法接受的人。既然我们不能去改变别人，不如怀着积极的心态给对方一个微笑，没有一个人会去伤害一个善良的人。

韩信很小的时候，父母就双双离他而去。于是，他只能靠钓鱼换钱来养活自己。后来一位靠漂洗丝绵为生的老妇人同情他的遭遇，就不断地周济他、帮助他。因为韩信衣着破烂，周围的人都不愿意跟他交往，还歧视他。

有一次，一群恶少想当众羞辱韩信一番。有一个屠夫走到韩信面前，用讽刺的口气说：你虽然长得又高又大，平时又喜欢带刀佩剑，但你还是一个胆小鬼。如果你真的有本事、有胆量的话，你就拿你的佩剑来行刺我。如果你不敢，就从我的裤裆下钻过去。韩信自知形单影只，硬拼肯定吃大亏。于是，他当着许多围观人的面，从那个屠夫的裤裆下钻了过去。这就是史书上所说的"胯下之辱"。

胯下之辱对一个男人来说，可真是奇耻大辱啊，可韩信还是忍了。因此我们得出结论，韩信是一个有着远大理想和志向的英雄。因为忍耐，让一个人的胸怀变得更加宽广；因为忍耐，会为你减少不必要的烦恼；因为忍耐，会为你的人生增添一笔难以估量的财富。

司马迁忍下了生命的摧残，谱写出流传千古的巨著，可谓"忍得一时痛苦，换来世人瞩目"；韩信忍下了胯下之辱，创造了显赫的奇功，可谓"小不忍则乱大谋"；贝多芬忍下了命运的打击，奏出了绝美的生命乐章；娄师德宽容了狄仁杰，才赢得了武则天的赞誉……

由此可见，忍耐是一个人在成功过程中必要的手段，可以说在同等条件下，不是比谁的智力高，而是看谁的忍耐力强。所以，要学会忍耐。

9. 有些事不必太在意

人的一生中，总会遇到各种悲欢离合、喜怒哀乐。有的是从社会生活中引发的，有的是由家庭矛盾引起的，既然我们不能够逃避这些事，就要尝试着去保持一种积极的人生态度。

其实，生活中的有些事情，我们并不用太过在意。人一生的得失，就如同是一个人手中握的沙子，只有以不计较的心态摊开手掌，才有可能获得更多。所以，要做一个堂堂正正的人，要做一个做大事的人，就必须做到让有些话穿耳而过。也就是说，有些事情你不必太在意。

生活中，有的人总是害怕吃亏，出去购物时，总是怕上当受骗，生怕买贵了；发奖金时，总是担心别人比自己发得多，怕在同事面前丢了面子。殊不知，害怕吃亏的人总是在不断地吃亏。从长远看来，只有那些能吃亏的人，才更容易得到别人的信任。

有时候，面对陌生人莫名其妙的热情，会让我们感到困惑；有时候，面对朋友无端的冷漠，会让我们有点失落；有时候，当我们与别人打招呼，而对方却视而不见，会让我们懊恼至极；有时候，我们与别人交谈，而对方却心不在焉，会让我们很生气……也许以上这些都没有理由，也许这只是一次偶然，也许是我们太过敏感了。在面对这些时，我们不必太在意，而要用一颗平常的心去对待。

人生在世，要想活得潇洒、轻松，就没有必要在意太多。可见，有许多事情是不必在意的。

第一，宠辱不必在意。我们知道，人生是一个曲折而又繁杂的过程，有得必然就有失，有升必然就有降，有成功必然就有失败，这些都是生活中存在的一些常见现象。所以，达观者宠也泰然，辱也淡然，也才会有"宠辱不惊，看庭前花开花落"的胸襟。

第二，名利不必在意。如果你在做事的时候，懂得量力而行，从容而搏，坦然自如地去追求一个属于自己的真实。那么，你就一定会活得轻松。

第三，成败不必在意。都说失败乃成功之母，只有我们能够从失败中汲取教训，才可以取得最后的成功。但如果我们不正视成功，就有可能变为失败之母。懂得了成败之间的辩证关系，我们便没有理由因失败而苦恼沮丧，也没有理由因成功而狂妄自大。

第四，人言不必在意。生活中，总是有许多人患得患失、诚惶诚恐。我们没有必要去看别人的脸色办事，只要我们选择好自己的人生方向，坚定地向前进，就可以取得成功。

第五，金钱不必在意。金钱，是多么熟悉的一个字眼，它是人类生存的物质基础。有钱固然好，因为它可以买到许多东西，但是君子爱财，一定要取之有道，否则就会落得个"人为财死，鸟为食亡"的下场。

由此可见，如果我们能够做到诸多事不必在意，这不仅是一种修养，是一种气度，也是一种睿智。当我们沉迷时，不在意会让我们变得清醒；当我们贪求时，不在意会让我们变得淡泊；当我们软弱时，不在意会让我们变得刚强；当我们颓废时，不在意会让我们变得积极。所以，面对任何事，我们都要拿得起，放得下，甩得开。因为不在意，不仅是对别人的一种宽容，也是对自己的一种解脱。

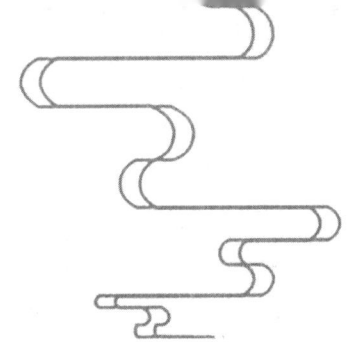

第七章

不抱怨

——活出人生的大境界

　　不要抱怨上天对你不公平，因为这是在磨炼你，让你更好地生活；也不要埋怨自己的日子过得艰苦，因为你比很多人都幸福。对待自己的理想，即使遇到重重阻碍，也不要轻易放弃。只要你不放弃，终有一天，上天也会被你感动，会帮你实现你的理想目标。所以，不必抱怨，只有经过不断磨炼，你才会成长。

1. 少一分怨恨，多一分快乐

有一句话说："少一分怨恨，多一分快乐。"这句话读起来似乎并没有什么特别精辟之处，但仔细一琢磨，却有着极为深刻的道理。忘记怨恨，是一种博大的胸怀，它能包容人世间的一切喜怒哀乐；忘记怨恨，是一种高尚的品格，它能使人跃上一个新的台阶。

曾经有一个年轻商人名叫皮亚，他总是一副很高傲的样子。那时候，他认识一个叫汉拿的大企业家。但不知为什么，皮亚却非常憎恨他，汉拿连续几天约他见面，都被他直接拒绝了。要知道，汉拿是世界闻名的大人物，周围人没有一个不想认识他的。可是，在年轻的皮亚眼中，汉拿只不过是一个地方上的"党魁"罢了。他每次看见报纸上对汉拿的称颂，都会忍不住痛骂起来。

后来，汉拿的一位友人劝说汉拿，要他抽时间和这位青年见面谈谈，消释下彼此间的误会。有一天，汉拿跟着一位友人来到一个十分拥挤的旅馆客房里，里面已经坐着一位沉静的、穿灰外套的青年，汉拿跟着走了进去，可是那个青年根本不理会他。

待友人介绍"这位就是皮亚先生……"之后，汉拿仿佛打开了话匣子一样，一下子说了好多话。更让皮亚出乎意料的是，汉拿一直在讲关于皮亚的事情，关于他父亲提任法官的事情，关于他伯父的事情，以及关于他自己对于政纲的一些意见。汉拿说："你是从奥马哈来的吗？令尊不是法官吗？……"汉拿的这一连串问题，让年轻的皮亚觉得有些吃惊了。汉拿接着又说："你父亲曾有一次害得我一个朋友在煤油生意上损失了好多钱呢！你伯父现在还在哈斯顿吗？……"

终于，年轻的商人皮亚开始说话了。当他说完的时候，他只觉得喉咙有些生涩。但是，皮亚的生命史也因此翻开了新的一页。没过几年，皮亚就与这个曾经非常憎恨的人做了好朋友，并且成了生意上的合作伙伴。汉拿也从此得到了一个新的忠诚的朋友。

我们本来就生活在一个矛盾的世界里，任何人或事都不可能尽善尽美。所以，我们完全没有必要去羡慕他人，更不要过分地苛求自己。懂得用宽容的眼光去看待这个世界，我们的事业、家庭和友谊才能稳固和长久。

从前，有一个动不动就恨别人的人，总是觉得自己的生活很是沉重。时间久了，他觉得自己的生活越来越不快乐。于是，他便去求见一位哲人，想从他那里寻求一种解脱之法。于是，他花了好几天时间，费尽千辛万苦才找到这位哲人。

哲人听完他的哭诉，首先递给他一个篓子，然后指着一条沙砾路，告诉他说："从现在开始，你每往前走一步，就捡一块小石头放进去，一直走到路的另一头，看看会有什么感觉。"那人按照哲人说的去做了，哲人便到路的另一头去等他。

过了一会儿，那人走到了头，哲人问："有什么感觉？"那人说："感觉越来越沉重了。"哲人说："这也就是你为什么感觉生活越来越沉重的道理。我们每个人来到这个世界上时，身后都背着一个空篓子。可是，有的人每走一步，都要从这个世界上捡一样东西放进去，所以才会有越来越累的感觉；而有的人每走一步，就会从篓子里扔出去一些东西，所以就不会有负重的感觉。如果你想要过得轻松一些，你就要学会舍弃一些不必要的负担，而怨恨就是你的最大负担。所以要想生活得快乐，你就必须学会忘记怨恨。"

可见，在生活中，你如果学会忘记怨恨，便生活得快乐。如何才能够忘记怨恨呢？首先需要我们学会忍耐。在面对同事的批评、朋友的误会、家人的误解时，过多的争辩和反驳实不足取，唯有冷静、忍耐、谅解最为重要。"退一步海阔天空"说的就是这个道理。

曾经有一个人，年纪轻轻的就干出了一番大事业，这让周围的同龄人都很眼红。在他23岁的时候，不幸遭到别人的陷害，在监狱里整整待了9年。在这9年里，他没有一天不抱怨，没有一天不怨恨。后来，这件冤案告破，他便又开始了常年如一日的控诉和咒骂："我真的是太倒霉了，在最年轻有为的时候却遭受这样的冤屈，居然让我在监狱里度过了人生最美好的时光。那里根本不是人能待的地方，巴掌大点的空间，狭窄得连转个身都很困难，那个窄小的窗口里几乎一年四季都看不到阳光。一到冬天就让人觉得寒冷难忍，夏天更是受不了蚊虫的叮咬。我真的想不通，上天为什么不去惩罚那个曾经陷害我的可恶家伙呢？即使将他千刀万剐，让他死千百回，也不能解我心头之恨啊！"

等到73岁的时候，因病痛的折磨，他终于卧床不起了。此时的他无依无靠，只能靠着自己仅有的一点力气存活着。弥留之际，有一位智者来探望他，对他说："可怜的人，在你去天堂之前，你给自己留一点忏悔的时间吧，忏悔你在人世间的所有罪恶！"躺在病床上的他，依然对往事耿耿于怀，他对智者说："我没有什么需要忏悔的，我这辈子最需要的就是诅咒，诅咒那些曾经伤害过我的人。"智者问："在你年轻的时候，你因受冤屈在牢房里待了多少年？"他恶狠狠地说："待了整整9年。"智者听完，长叹了一口气说："可怜的人，你真是这个世界上最不幸的人，对你的不幸经历我感到十分同情和悲痛。别人囚禁了你 9 年，而当你走出监狱时，本可以获得永久的自由的。可是，你却用心底的仇恨和抱怨，又囚禁了自己整整 41 年啊。"

人的一生中，每个人都会经历一些痛苦的事情，只有学会忘却，生活才会充满欢乐。如果没有忘却，我们就不会获得快乐，而只会湮没在对过去的懊悔、痛苦和对未来的恐惧、烦恼之中。

所以，在现实生活中，我们千万不要拿显微镜去看待周围的一切。每个人都有缺点和不足，事事都会有缺憾。但是，只要我们学会忘记仇恨，不要刻意去追求完美，就会拥有更加丰富而美好的生活。

2. 与其抱怨，不如改变

有人说，当世界抛弃了你，而你又无法改变时，你才有权利抱怨。在平时的工作中，总会有一些人喜欢把责任推给别人，却很少从自己身上找原因。与其抱怨别人，不如改变自己。只有你自己改变了，一切才可能会有所改观。

那些一味抱怨的人，整天只知道怨天尤人，所以只能在原地徘徊。而那些努力去做改变的人，总能用自己的智慧发现机会，把握机会，让自己的人生过得更加精彩。与其抱怨，还不如改变自己，为自己寻求机会。

有一个年轻的船夫，每天负责给邻村的居民运送自家的农产品。有一天，船夫像往常一样划着小船去运送农产品。可是天气酷热，船夫划了一会儿就已经是汗流浃背、苦不堪言了。他心急火燎地划着小船，希望赶紧完成运送任务，以便在天黑之前能赶回家中。

突然，船夫发现前面有一只小船，沿河而下，迎面向自己快速驶来。眼看两只船就要相撞了，但那只船丝毫没有避让的意思，似乎是有意要撞翻船夫的小船。

"快点闪开啊！你这个愚痴的人！"船夫大声地向对面的船吼叫道，"再不让开，你就要撞上我了！"但船夫的吼叫完全没起作用。尽管船夫手忙脚乱地企图让开水道，但为时已晚，那只船还是重重地撞上了他的船。船夫被激怒了，他厉声斥责道："你到底会不会驾船，这么宽的河面，你竟然撞到了我的船上！"当船夫怒目审视对方的小船时，他吃惊地发现，船上根本没有人，刚才听他大呼小叫、厉声斥骂的只是一只挣脱了绳索、顺河漂流的空船。

这就如同在工作中，当你责难、怒吼的时候，你的听众或许只是一只空船。那个一再惹怒你的人，绝不会因为你的斥责而改变他的航向。这时候，就需要你改变自己的航向，避开那些阻碍你去路的人或者物。

美国成功哲学演说家金·洛恩说："成功不是追求得来的，而是被改变后的自己主动吸引而来的。"的确如此，在工作中，总有一些人让我们很郁闷。这种郁闷可能是因为他们和你融不到一起，可能是因为他们不欣赏你，也可能是他们不喜欢你。但是，与其抱怨别人，不如改变自己。

没有一种生活是完美的，虽然我们没有把握做到从不抱怨，但我们至少可以做到让自己少一些抱怨，多一些积极的心态去努力进取。如果一个人把抱怨当成习惯，就如同搬起石头砸自己的脚，于人无益，于己也不利。

有一个年轻人，参加工作只有两年时间，在这两年中他换了四五家公司。有一次，他又从一家公司辞职了，心情低落的他便去找他的好朋友喝酒解闷。当朋友问他究竟因为什么而辞职时，他便开始诉苦，说自己无论怎么做总得不到老板的器重，公司的一些培训也总是轮不到他，感觉自己做了那么多事，却始终没有回报。他对那份工作已经没有一点兴趣了，所以想辞职另找一份工作。朋友听完他的诉说，没有多说什么，只是给他讲了一个故事：

有一只乌鸦打算飞往南方，在路途中遇到一只鸽子，于是一起停在树上休息。鸽子问乌鸦："你这么辛苦，是要飞到什么地方去吗？为什么要离开这里呢？"乌鸦长叹了一口气，愤愤不平地说："其实我并不想离开，可是这里的居民都不喜欢我的叫声，他们一看到我就撵，甚至有些人用石子打我，所以我想飞到别的地方去。"鸽子听完，好心地劝说道："别白费力气了，如果你不改变你的声音，无论你飞到哪里，都是不会受到欢迎的。"

听完这个故事后，那个年轻人涨红了脸，好像明白了朋友的言外之意。

如果连现在的工作都做不好，换个地方就能做好吗？如果你在这家小公司都干得不出色，你去别的大公司就一定能大出风头吗？有些人只知道抱怨工作中的各种不公平，但是从未想到是自己努力得不够。所以，应平心静气地正视自己，客观地反省自己。

在现实生活中，对已经发生的事情，一味地抱怨不会发生任何改变，只会让事情变得越来越糟；一味地抱怨不会让你变得更聪明、更强大，只会让你在自怨自艾中慢慢消沉下去。所以，从现在开始，放下抱怨、坦然面对，只有这样才能摆脱烦恼的纠缠。

细细想想，这个社会其实很公平，关键在于你自己有没有做到足够好、有没有尽到全部力。如果你能化抱怨为学习的动力，用时间来磨炼自己，用努力来改变自己，用事实来证明自己，让自己成长起来，终有一天你能够实现自己的人生理想。

3. 保持一颗平和的心

孔子曾说："君子泰而不骄，小人骄而不泰。"这句话的意思是说，君子因为心态平和、安定和勇敢，他的安详舒泰是由内而外的自然流露；小人表现出来的则是故作姿态，骄矜傲人，因为他内心多了一股躁气，气度上便少了一分安闲。

人们常说："是金子总要发光的。"最关键的是，你要有一个敞亮的心怀。有一些人总是有一种浮躁、急切和不安的心态。他们不是想如何把自己的本职工作做好，而是千方百计地想要升职，天天盼着被提拔。

如果一个人能够做到心态平和、大度从容，不为名所获，也不为利所诱，能够脚踏实地做好自己的本职工作，那么，这个人一定能够在事业上有所成就。反之，若只有浮躁的心态，就不会在事业上获得成功。看下面一个故事：

一天，有一位老妇人到集市上请了一个油漆匠，打算让他好好粉刷一下自家的墙壁。油漆匠刚一走进门，看到她的丈夫双目失明，顿时流露出了怜悯的眼光。可是，油漆匠在那里工作了几天，却从来没发现这个男主人有一点自卑或是急躁心态。相反，这个男主人非常乐观，所以他们相处得很好。油漆匠也从未提起过男主人的缺憾。

过了一周等工作完毕以后，油漆匠便拿出账单。可是，那位老妇人却发现比谈妥的价钱打了一个更大的折扣。于是，她便问油漆匠："怎么会少算这么多呢？"

油漆匠笑了笑，回答说："我跟你先生在一起的这几天，我觉得很快乐。我很佩服他对人生的态度，这让我觉得自己的境况还不算最坏。所以减去的那一部分，就算是我对他表示的一点谢意，就是因为他，才让我觉得自己的工作并不是太苦。"老妇人听完油漆匠的这番话，忍不住落泪了。因为这位慷慨的油漆匠，自己也只有一只手。

可见，一个人的态度就像是一块磁铁，不论我们的思想是正面抑或是负面，人们都会或多或少受到它的牵引；而思想就像是轮子一般，使我们朝着一个特定的方向前进。

虽然我们无法改变人生，但我们可以改变人生观；虽然我们无法改变环境，但我们可以改变心境；虽然我们无法完全适应自己的生活，但我们可以调整态度，来适应一切环境。

面对人生的狂风暴雨，如果我们能够用平和的心态去面对。那么，这些人生困难终将会成为过去。

4. 抱怨只会让事情更糟

有一位伟人曾说："有所作为是生活中的最高境界。而抱怨则是无所作为，是逃避责任，是放弃义务，是自甘沉沦。"所以，不管我们遭遇到的是什么境况，光是喋喋不休地抱怨不已，不仅于事无补，还会把事情弄得更糟。

在平时的工作中，如果你还有时间去抱怨，那么不如把工作做得更好；如果你已经意识到抱怨无济于事，那么就应该去寻找克服困难、改变环境的有效办法；如果你认为抱怨就是一种坏习惯，那么就应该化抱怨为抱负，变怨气为志气，改掉这个坏习惯。看下面这个关于"抱怨"的故事。

汤姆森天生有点缺陷，但并不是很明显。乍一看，人们会发现他和常人一样，所以一直以来，都没有人发现他身体的畸形。直到他读七年级时，在上一次手工艺课时，他的这个缺陷才显现了出来。

当时，全班 26 个同学都照着老师的草图做家具，可是老师却发现，有 25 个同学做出的成品几乎是一模一样的，唯有汤姆森的跟他们的不一样，所以被视为不合格。刚开始的时候，他想做木工活肯定需要一定天赋的，或许自己并没有这方面的天赋。

后来，一次偶然的联想，让汤姆森非常震惊。他发现自己做不好木工活的原因，并非是他缺乏这方面的天赋，而是他与生俱来的残疾。从此以后，汤姆森的内心充满了怨恨，不止一次在心中抱怨："上帝为什么要这么对待我呢？为什么我的身体不能够和常人一样？"这成了他的噩梦，每次遇到不顺心的事，他都会浮想联翩，让自己陷入痛苦无法自拔。

就这样，很多年过去了。29岁的汤姆森也已经成家立业，还生下了一个活泼健康的男孩，并取名叫杰。让他感到幸福的是，杰几乎很完美，一点缺陷也没有。汤姆森知道，作为一个男孩的父亲，他必须要尽到一个做父亲的职责，那就是教会儿子一些手工活，比如做一个小板凳，等等。这本是为人父亲的快乐，但是，在汤姆森看来，这是他心中的一大痛处。于是，他又开始抱怨命运对他的不公。

有一次，天真可爱的杰在外面玩耍时，看到邻居家的爸爸在教自己儿子做手工活。于是，他也跑回家中，对自己的父亲说："爸爸，你能教我做小衣柜吗？"汤姆森听后大惊失色，战栗着回答儿子说："儿子，事情是这样的，爸爸不能教你，因为……"

杰瞪大眼睛，似乎等待着父亲告诉他什么可怕的事实，"为什么？""你是不是经常看到那些木匠、建筑工们总是把一支铅笔夹在耳朵后面？"杰点点头，又好奇地盯着爸爸看。"但是，我却不能像他们那样！"汤姆森再次悲伤地抱怨说，"因为我的耳朵向外远远伸出，不能贴近脑袋，总是夹不住铅笔。因为我不是个正常人，所以我不能教你……"

故事中的汤姆森，他所抱怨的"残疾"竟是如此的小事。他的问题就出在他的"心"里，而不是看似略有异样的"耳朵"上。现实生活中，也有人总是犯类似的错误，他们把很多事情都看得很严重，愤世怨人，迁怒于社会的不公，甚至于把它当作追逐幸福生活的障碍、失败的借口。但是认真思考一下，你所抱怨的问题，根本就不是什么大问题。

曾经有一个小药店的店主，一直想找一个能干一番大事业的机会。可是他寻找了许多年，一直也没找到机会。于是，他开始痛恨自己的小药店。每天早晨他一起来，就希望自己今天能够得到一个好机会。然而，好长时间过去了，他认为的机会仍然没有出现。对此，他抱怨不已，他认为自己有干大事业的本事，却没有干大事业的机会。

从那以后，他就把生活中的大部分时间用在去花园里"散心"，而他经营的小药店也为此门庭冷落了。后来，这个药店的店主经过智者的指点，终于战胜了自己这种消极的态度：无论遇到什么人，也不管他们地位的高低，自己都主动地去和他们接触和交流。

突然有一天，他这样问自己："我为什么一定要把自己的希望、自己的奋斗目标寄托在那些自己一无所知的行业上呢？为什么不能在自己相对熟悉的医药行业中干出一番大事业来呢？"

于是，他再次下决心摆脱自己以前的那种怨天尤人的心态，就从自己的小药店做起。从此，他就把自己的这一事业当作是一种极为有趣的游戏，以此来发展他的生意。他用自己那种发自内心的热情告诉别人，他是如何提高服务质量，尽量让顾客百分百满意。

生活中，也有不少人跟这个店主有点相似。每当看见别人的成功，便无形中产生忌妒，并且在忌妒之余，还常常妄自菲薄，总以为别人的工作才是最好的。而对自己呢，却总是不抱什么希望，只知道抱怨。殊不知，一味的抱怨只会让自己的情绪恶化，甚至于让自己陷入一种自己制造出来的消极情绪当中。看下面这个历史故事：

孟尝君是中国战国时期四公子之一，齐国宗室大臣。当时，他受到齐王的宠爱,所以各地有才能的人都纷纷来投奔他。他总是来者不拒,以礼相待。最后,他门下的食客达到好几千人。

可是好景不长,孟尝君因受一些人毁谤,被齐王罢免了官职。无奈之下,他只好离开国都,回到自己的封地去。让他怎么也没想到的是,在他门下的那几千个口口声声仰慕他、忠于他的食客,一下子就走得没影了,最后只有一个名叫冯谖的人继续追随着他。

后来,在冯谖的帮助下,齐王召回并恢复了孟尝君的官位,他的尊荣更胜从前。而当年那些弃他而去的食客,又想回来找饭碗。孟尝君听说此事后,恨恨地对冯谖说:"他们当初弃我而去,没有一个顾念我的,现在还有什么脸面再见我呢?谁好意思走到我面前,我一定唾他的脸,狠狠地羞辱他一番。"

冯谖听后,不以为然地说:"任何事物都有它必然的规律,任何事情都有它本来的道理,您又何必为此事耿耿于怀呢?难道您没见过集市的场景吗?每到早上,人们都争先恐后地挤进去,是因为那里有他们需要的东西;可是到了傍晚,人们都迈着大步跨过去,根本不会去多看一眼,是因为那里已经没有他们所需要的东西了。如此看来,这是一件很正常的事情。以前,那些人争先恐后地来投奔您,是因为您这儿有他们需要的东西;后来,他们义无反顾地离开您,是因为您这儿已经没有他们需要的东西了,这有什么可抱怨的呢?"

孟尝君听完冯谖的这一番话,顿时恍然大悟,心里的怨也顿消。后来,以前的那些食客都陆续回来了。他还是一如既往地接待,没有任何芥蒂。几年后,他门下的食客又达到几千人,他的仁义之名也从此传遍天下。

遇到压力或不如意之事,如果一味抱怨,不仅会影响其他人的情绪,还会破坏生活或工作气氛。

所以，从现在开始停止抱怨。不要再让那些"抱怨"的垃圾积在心里了，该清理的就及时把它们清理掉，也别总是把牢骚挂在嘴边了。唯有这样做，才能够让我们烦躁的心平复下来。虽然我们不能保证事事顺心，但完全可以做到坦然面对。而当你以这样的态度去看待生活时，生活的境况也会随之发生变化。

5. 爱生爱，恨生恨

有一句话这样说："以恨换恨恨无涯，以爱换爱爱无边。"正是这样一句简短的话，诠释了仇恨带给人类的困扰和友爱带给人类的快乐。爱不仅让我们感受到了生命的温暖，同时也带给我们更多的朋友和更多的机遇。看下面这个真实的故事：

曾经有这样一个小男孩，和他的同伴在一起玩耍，不知道因为什么，他和同伴闹不愉快了，心情糟糕透了。于是，他一个人跑进了山谷，对着幽深的空谷怒吼道："我恨你！我恨你！"话音刚落，"我恨你！我恨你……"的回声从山谷的另一端连续不断地传来。

小男孩觉得心里还是不痛快，也还不解恨，于是继续叫道："我恨你，我恨你！"山谷里继续传来"我恨你，我恨你"的回声。终于，这个小男孩喊累了，只好沮丧地回到家里。母亲看小男孩耷拉个脑袋，就问他："什么事让你看起来如此郁闷呢？"这时候，小男孩才伤心地向母亲哭诉："因为我发现，世界上所有的人都在恨我。"

母亲问明原委之后，把小男孩重新带到了山谷，对他说："孩子，现在你对山谷说：'我爱你！'"小男孩照母亲说的做了，顷刻间宁静的山谷传来了不绝于耳的"我爱你，我爱你……"小男孩激动地跳了起来，很快就破涕为笑了。

这个故事形象地诠释了一个简单而又不应该被人们所忽视的道理：如果想要被人爱，必须学会先爱别人。在生活中，我们也会发现，当你把一份关爱传递给别人时，内心就会存留一份欣慰；而当别人得到你的关爱后，同样也会回报给你一份甚至更多的关爱。这就是所谓的爱生爱，恨生恨。

我们知道，每个人心中都或多或少地埋有仇恨的火种，而消除仇恨的最好方法就是：用人性最美好的甘泉去浇灭那些忽隐忽现的火星。如此，自然会将仇恨转变成大爱。

1944年的一个冬天，饱受战争创伤的莫斯科异常寒冷。有一天，两万德国战俘排成纵队，从莫斯科大街上穿过。尽管天空中还飘着大团的雪花，但马路两边都已经挤满了围观的人群。大批的苏军士兵和治安警察，在战俘和围观者之间，划出了一道警戒线，以防止德军战俘遭到围观群众愤怒的袭击。

这些老少不同的围观者，大部分都是来自莫斯科及其周围乡村的妇女。她们每一个人都和德国人有着一笔血债，或是父亲，或是丈夫，或是兄弟，或是儿子，都在德国所发动的侵略战争中丧生了。所以，当她们看到大批俘虏出现时，怀着满腔的怒火，都把手攥成了拳头。要不是大批苏军士兵和治安警察在前面阻拦，她们一定会不顾一切冲上前，把这些德国战俘撕成碎片。

俘虏们一个个都低着头，胆战心惊地从围观群众的面前缓缓走过。这时，令人想不到的事情发生了：一位上了年纪、穿着破旧的妇女走出了人群，并请求警察允许她走进警戒线看看这些俘虏。

警察看她满面慈祥，便答应了她的请求。于是，这个妇女很快走到俘房身边，然后颤巍巍地从怀里掏出一个用印花布方巾包裹的东西，打开一看，里面是一块黑面包。她不好意思地将它塞到一个俘房的衣兜里。

接着，这位妇女又转过身对那些充满仇恨的同胞们说："当这些人手持武器出现在战场上时，他们就是我们的敌人。可是，当他们卸了武装走在大街上时，他们是跟所有别的人，跟'我们'和'自己'一样的人。"

年轻俘房们听完这位妇女的一番话，都怔怔地看着她，刹那间泪流满面。那位疲惫不堪、挂着双拐都难以挪动的年轻俘房扔掉了双拐，"扑通"一声跪倒在地上，给面前这位善良的妇女重重地磕了几个响头。他的这一举动，让其他战俘也受到感染，接二连三地跪下来……于是整条街道的气氛都变了，人们都被眼前这一幕所感动了，也开始从四面八方涌向俘房，把手中的面包、香烟等各种东西塞给这些疲惫的，甚至身负重伤的俘房们。

读完这个故事，不仅让我们想起一段话："宽和能克制暴躁，友爱能克制孤僻。温暖的手能用头发牵着大象走。你得用仁爱去面对仇敌，因为破坏和平是有罪的。"生活中也一样，如果有人无意间伤害了你，你就为此耿耿于怀、记恨于心的话，那么，你们之间的"恨"就会不断加深。这就叫以恨换恨恨无涯。

当一个人时常抱怨并且内心充满仇恨，就会陷入无休止的烦恼之中，就会因此错过人生中许多美丽的风景，也就会失去真正的快乐。因此，当我们受到伤害时，要学会宽恕，学会与人为善。只有这样才可以感动别人，才会换来别人的宽恕。

6. 珍惜现在，才能更好地生活

生活中，我们的心情并不总是晴空万里，总会遇到一些让你苦恼和悲哀的事情，进而引起人们对生活的抱怨。于是，我们便开始哀叹自己的命运，埋怨生活的不公。这才有了"问君能有几多愁？恰似一江春水向东流"，也就有了"何以解忧？唯有杜康"，最后就有了"怎一个愁字了得。"

是啊！工作中，我们要面对挫折和打击；学习中，我们要面对落榜；生活中，我们要面对失恋……由此看来，我们的确很难做到让自己的心灵超脱，也很难做到天天快乐。我们的内心总是被焦躁和烦恼占据。殊不知，我们的敌人就是我们自己，因为我们无法战胜自己，所以始终没有勇气走出迈向成功的第一步。

被称为美国人的精神之父的富兰克林，他的一生功绩卓绝，这与他的一次拜访有着很大的关系。有一次，富兰克林去拜访一位德高望重的老前辈。那时的他年轻气盛，挺胸抬头迈着大步。一进门，他的头就狠狠地撞在了门框上，痛得他一边不住地用手揉搓，一边看着比他的身子矮一大截的门。出来迎接他的前辈看到他这副样子，笑着说："很痛吧？可是，这将是你今天访问我的最大收获。一个人要想平安无事地活在世上，就必须时时刻刻记住该低头时就低头，这也是我要教你的事情。"于是，富兰克林牢牢地记住了前辈的教导，并把它列入他一生的生活准则之中。

富兰克林的这一故事就告诉我们，凡是成熟的人、有成就的人，一定具备这种品格，即学会低头，懂得忍让。同时，这也是许多成功人士的美德。生活中总是有一些人，一方面抱怨人生的路越走越窄，看不到成功的希望；另一方面又因循守旧，甘愿在老路上继续走下去。殊不知，只要我们调整下心态，就一定会出现"柳暗花明又一村"的无限风光。

生活在这个世界上，我们就要用一颗宽大的心，去原谅很多事情。原谅生活对人的不公平，因为它总要考验一些人，去捉弄另一些人；原谅丘比特的箭总会偏离方向，因为它毕竟是站在云朵上射箭；原谅生活中有那么多的阴差阳错，因为它要让你学会保护自己，珍惜现在所拥有的一切东西。

原谅生活，是一种积极有效的方式；原谅生活，不是让我们淡漠所有的不公，也不是为了超脱凡世的恩怨，而是让我们学会正视生活，了解生活的全部，进而缓解和慰藉自己内心深处的所有不幸。我们只有做到相信生活，才能够真正原谅生活，也才能够更好地生活下去。

7. 安时处顺，不怨天尤人

无论我们身处多困难的境地，如果只是喋喋不休地怨天尤人，不仅于事无补，还会把事情弄得更糟。所以，无论如何，我们要靠自己的双手，去改变现在的生活。

曾经看过这样一个帖子："我没有好看的容貌，也没有大把的钱，有的只是一个没人关注、没人理睬的'躯壳'。每天面对着花枝招展的同学，而我却穿着很土的衣服，站在他们中间，我有点'与众不同'；我的家庭很穷困，所以每天一放学，我都要帮母亲割猪草，娇小的双手布满了老茧；我的父亲已经是白发苍苍，可还要到建筑工地去做苦工。为了攒够学费，我好久没有添新衣服，也舍不得买高级的化妆品，更不敢期待美好的爱情，为什么其他人可以无忧无虑？而只有我，每天都过得那么辛苦。所以，我恨这个世界……"

初次看到这个帖子的时候，我们都为她的不幸遭遇鸣不平，也为她能够靠自己的能力攒钱读书而感动。但看到最后，我们发现：原来她只是在发泄心中那一腔怨气。她在怨恨人与人之间的不公平，怨恨自己家庭的贫穷。她应该想到，已经白发苍苍的父亲还要打工，她完全可以把这些作为自己奋斗的动力，而不应该成为恨这个世界的原因。虽然我们不能改变自己的容貌，但是我们可以选择自己的表情；虽然我们不能选择自己的出身，但是我们可以改变自己的命运。所以，在面对这一切时，一定不要怨天尤人。

《国际歌》里有一句唱得好："从来就没有什么救世主，也不靠神仙皇帝！要创造人类的幸福，全靠我们自己！"可见，如果一个人想要改变自己的命运，只有放弃怨天尤人，靠自己的努力去争取，终有一天会获得属于自己的幸福人生。如果一个人不经常反省自己，不是埋怨环境不好，就是埋怨别人不喜欢他。久而久之，他就会和乌鸦一样，处处招人烦。

美国著名的推销员、吉尼斯销售世界纪录保持者——乔·吉拉德先生，在总结自己的经营和做人的道理时说："不要和消极的人打交道，因为消极的人会让你走向失败。只要有了积极的生活态度，每次面对困难都会想着自己的目标，就不把眼前的困难当事儿了。"可见，不怨天尤人是一种积极的生活态度。

在当今社会，虽然我们不可能都成为那么优秀的人，但是，只要我们努力，就一定能找到适合自己的位置；只要我们努力，就一定能改变我们的贫穷面貌。

世间没有一种生活是完美的，也没有一种生活会让一个人完全满意。如果我们常常怨天尤人，就会让其成为一种习惯，这就如同搬起石头砸自己的脚，于人于己都不利。生活本来就是由酸、甜、苦、辣组成的，我们总是要去面对一些事情。如果我们能够放弃怨天尤人，换个角度去看待生活。那么，成功离自己也就不再遥远了。

8. 常思一二，不想八九

常言道，人生不如意事十之八九，常思一二，不想八九。这句话的前半部分人尽皆知，后半部分却少有人知，其实后半部分才是这句话的落脚点。在我们的生活里，不如意的事占了绝大部分。扣除八九成的不如意，至少还有一二成是如意的。所以，如果我们想要快乐地生活，就要常想着那一二成好事，而不要总是揪着八九成的不如意不放。唯有这样，你才不会被那些不如意所压倒。

常思一二，不想八九，是良好的自我调节情绪的方式。世事无常，一个人的一生不可能总是风和日丽、云淡风轻，总会遇到一些风风雨雨。那些静坐高楼、享受豪华轿车的人，不一定都快乐。

然而，怎样才能做到"常思一二，不想八九"呢？

首先，在面对人生不如意之事时，我们要学会抛弃对不如意之事的抱怨。这就好比眼前有半杯水，悲观的人会抱怨："为什么只剩下半杯水？"而乐观的人会暗喜："太好了，还有半杯水。"可见，每个人的心就如同是一面放大镜，它能够把快乐放大，自然也能把不满、抱怨、伤心、气恼无限放大。如果我们成天用它对准"八九"，那么，带给我们的只能是一种自甘堕落；而当我们把它对准"一二"时，快乐、温暖、满足都会被无限放大，那么，带给我们的则是乐观向上了。

其次，在以后的工作和生活中，当我们在面对失败、挫折和打击的时候，要将"放大镜"对准"一二"，再用一颗乐观、感恩的心去面对生活，去珍惜那十之一二的如意。比如，身患重症的霍金，虽然被永远地固定在了轮椅上，但他依然以一颗感恩的心面对生活，珍惜那十之一二的如意，才让他永远地沉浸在快乐之中。

最后，人们总是在追求完美的同时，失掉了太多的东西。所以，我们一定要懂得：人生需要渴望完美，但不可执着于完美。如果我们能够做到"眼睛朝天脚朝地，理想现实两相宜"，能够通过自己的行动，把自己的目标化作现实，我们的人生才会少几分烦恼。

著名的书法家于右任，晚年自号"太平老人"。有一次，他的一个朋友专门来拜访他。当朋友问及他成功的秘诀时，他笑而不言，只是指了指客厅墙正中间悬挂的一幅字画，这是一幅写意的莲花图，上面有一副对联：常思一二，不想八九。横批是：如意。

朋友一边琢磨，一边逐字逐句地念起来。突然，朋友拍着手，从椅子上跳了起来。因为他终于体会到这副对联的寓意了：能在一二如意之中体悟圆满，实在是一种很难的追求，也是一种很高的境界。

于右任是真正的智者，他饱经沧桑沉浮，却能够一直坚守淡泊；他不求事事圆满，却能够自然圆满；他一无所求，最终却拥有了所有。所有这一切，都在于他没有被内心的欲望所封闭，把握住了最后的底线，才让他取得了惊人的成绩。

古人说："花未全开月未圆。"意思是说，花一旦全开，马上就要凋谢了；月一旦全圆，马上就要缺损了。人生的许多遗憾，也正是从强求完美开始的。生活中少不了苦难，如果我们成天去想那些不顺心、不痛快的事，会让自己身心俱疲，越想越振作不起来，所以"常思一二，不想八九"。

常思一二，就是在重重乌云之中，寻觅到一丝黎明的曙光；常思一二，就是用一颗感恩的心，去庆幸和珍惜人生之中那十之一二的如意，用那份豁达与坚韧去化解并超越一切苦难。既然生命已经够苦了，我们为何不把那些如意之事综合起来，助我们微笑前行。

对于那些受过苦难的大人物而言，他们的生命就是"人生不如意事十之八九"的真实证言。因为他们在面对苦难时，还能够保持正向的思考，能"常思一二"，最终把苦难化成生命中最肥沃的养料。最让人感动的是，在面对苦难的时候，他们依然有一个乐观向上的态度。原来生命中的如意或不如意，并不能决定人生的机遇，而是取决于思想的瞬间。原来决定生命品质的不是八九，而是一二。

9. 生活不需要抱怨

诗人艾青曾说："即使我们是一支蜡烛，也应该蜡炬成灰泪始干；即使我们是一根火柴，也应该在关键时刻有一次闪耀。"诗人臧克家也说过："有的人死了，他还活着；有的人活着，他已经死了。"可见，在生活中，我们才是自己的上帝，也只有我们才能为自己创造一个完美的世界。

在我们身边，常常听见有人在抱怨：为什么我的容颜不是国色天香，为什么我偏偏出生在这样一个贫穷的家庭，为什么别人的薪资比自己高出很多……生活本来就不会事事如意、十全十美。相反，坎坎坷坷、悲欢离合才是家常便饭。所以不要抱怨，也正是因为有这些坎坎坷坷，才练就出了一个异彩纷呈的人生。

俗话说，风雨之后才能见彩虹。人生也是如此，历经磨炼才能够造就精彩的人生。既然你不能够改变天气，就应该学会换个角度来看问题，尝试着去改变自己的心情。抱怨自己的人，应该尝试着学习接纳自己；抱怨别人的人，应该尝试着把抱怨转成请求；抱怨命运的人，应该尝试着接受现实并报以良好的期望；抱怨生活的人，应该尝试着去改变自己的生活。看下面这个故事：

曾经，有一位中国女作家，因受美国文化界的邀请，前往纽约参观访问。有一天，她在访问活动结束后，闲得无聊，便独自一人来到纽约街头闲逛。看到熙熙攘攘的街道，她异常兴奋，很快她穿过了几条热闹的大街，还购买了不少东西。正当她准备回去的时候，突然，她的目光被站在街头的一位卖花的老太太吸引住了。仔细看看这位老太太：头发斑白，衣着破旧，身体看上去有些虚弱。但是，老太太脸上却是一副祥和的表情。

女作家弯下腰，挑选了一枝花后，好奇地问："老太太，您看起来很高兴啊，是不是有什么开心事呢？"老太太面带微笑地说："当然高兴了，我眼前的一切都是那么美好，我还有什么不高兴的理由呢？""看来你对烦恼还真是看得开呀。"女作家又说了一句。没想到，老太太这一次的回答，让女作家大吃一惊，老太太说："耶稣在星期五被钉上十字架时，那是全世界最惨淡的一天，可是三天后就是复活节。所以，每当我遇到不幸的事情时，我就安慰自己说：不要着急，只要等待三天，一切都会恢复正常。三天之后，痛苦和不幸就会全部消失了。"

女作家听完老太太睿智、从容的回答后，深受感触，不由得重新打量起这位卖花的老太太。这时候女作家才发现，老太太那身破旧的衣服丝毫没能遮住她经历岁月洗礼却气定神闲的闪光之处。和老太太告别后，女作家漫步在纽约街头，她意识到，刚才那一幕才是她这次来纽约最大的收获。

"等待三天"，是一种多么平凡而又充满哲理的生活方式，它能够让你抛下所有的烦恼和痛苦，一心一意地去收获快乐。故事中的老太太，正因为换了个角度，才能以乐观的心态去面对生活，最终寻找到属于自己的幸福。

人的一生不可能总是一帆风顺，对于那些无法改变的事实，我们没有必要去抱怨，而是要学会去改变，用感恩的心态去接受、去承担。要朝着自己既定的目标，做出不懈的努力。如果能这样做，那么我们的人生将会很有意义，也就不容易被人生的风风雨雨所击倒，也才能发出耀眼的光芒。

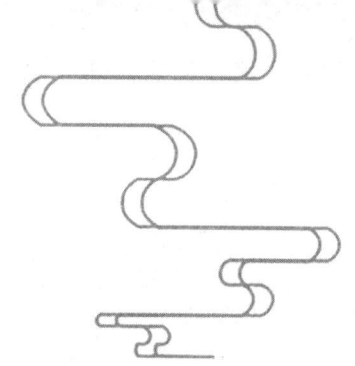

第八章

笑对风雨

——用微笑面对生活

　　阳光总在风雨后，不管失败还是痛苦，如果能够带着微笑出发，笑对人生，笑对生活，我们就会发现，天空是那么蓝，云彩是那么妩媚，我们就会获得金灿灿的硕果。微笑是生活的一剂良药，它能化烦恼为愉快，让你的生活充满阳光；微笑是心灵的一股清泉，它能滋润人的心田，使人精神振奋；微笑是一支蜡烛，它能点燃我们心中的希望。生活就像一面镜子，你笑它也笑，你哭它也哭。与其痛苦地度过每一天，不如微笑着去面对。只要你勇敢、乐观地面对生活，生活就一定会给予你很好的回报。

1. 痛苦，需要微笑来掩埋

中国台湾女作家罗兰曾说："一个人如能不管境遇如何，都保持快乐的心境，那真比有百万家产还更有神气。"但事实上，我们中很少有人能够达到这种理想的状态，总是要自我折磨一段时间，才能够慢慢地平复自己，忘记我们生命中的一些伤痛。

第二次世界大战期间，有一位名叫伊丽莎白·康黎的女士。她在庆祝盟军北非获得胜利的那一天，接到了一份来自国防部的电报——她最亲爱的侄子，也是她在世间的唯一亲人，在战场上牺牲了。面对这个突如其来的严酷事实，她根本无法接受。在此之前，她的侄子一直是她生活中的希望和快乐的源泉。听到这个消息，她心灰意冷，痛不欲生，甚至影响到了正常的生活。于是，她决定放弃优厚的工作，远离家乡，把自己永远藏在孤独和眼泪之中。

就在她整理行囊的时候，翻出了一封几年前的信，那是她侄子在她母亲去世的时候写给她的慰问信。信上这样写道："我相信你会撑过去的，也知道你一定会撑过去的。我永远也不会忘记你曾经对我的教导。不论走到哪里，也不论遇到什么样的灾难，我都会勇敢地去面对生活。因为我永远记着你的微笑，像男子汉那样能够承受一切的微笑。"

看完这封信，伊丽莎白·康黎忍不住流下了眼泪，她把这封信读了一遍又一遍。此时，她仿佛觉得侄子就在她身边，他正用一双炽热的眼睛在望着她说："您为什么不按照您教导我那样去做呢？"

这使得伊丽莎白·康黎打消了辞职的念头，她不想再生活在痛苦的回忆中，她一再告诉自己说："我应该放下悲痛，把悲痛藏在微笑下面。因为事情已经发生了，虽然我没有能力去改变这个事实，但我有能力好好地生活下去。"

我们每天都要经历很多事情，开心的也好，悲伤的也罢，它们不自觉地会在心里安家落户。但是，我们不能总是陷在痛苦的泥潭里不能自拔，而要学会去忘记。当我们遇到可能改变的现实时，我们就要向最好的结局去努力、去拼搏；当我们遇到不可能改变的现实时，不管它会让人多么痛苦不堪，我们都要勇敢地去面对，用微笑去掩埋所有的痛苦和不堪。

由此可见，人生并不是一个只进不出的无底容器，它只是一个吐故纳新的过程。每当我们为世俗的繁杂喧嚣而纠缠不清，为虚名微利而困惑不已时，就要试着去微笑忘记；每当我们疲惫不堪或力不从心时，身陷绝境而难以自解时，也要试着去微笑忘记。

要知道，无论你遭受着什么的样痛苦，都没有什么可怕的。随着时间的流逝，我们总是可以将心伤治愈。而前提条件是，我们首先要学会用微笑将所有的痛苦掩埋，进而才能鼓起继续生活的勇气。

2. 接受生活中的不公平

在这样一个竞争激烈的社会里，要想一劳永逸，让生活来适应我们，是不可能的。当一切既定成为现实时，就要学会去接受。

生活中，当你的伙伴背信弃义时，你的指责可以改变吗？既然不能，就要学会接受；当你的同事在背后说三道四时，你的争辩能洗清这恶意的中伤吗？还是不能，那就学会接受吧。

面对生活中的不公平，人们在采取着不同的行为：哲学家苏格拉底面对受到的不公平，选择了做一个受难者而死，因为他认为逃亡会破坏法律的权威，所以他以自己的死来捍卫法律的权威；梭罗面对受到的不公平，选择的是立即抵制。即使将他关进监狱，他依然选择拒绝支付税款。

莎士比亚曾经说过："同一个太阳照着他的宫殿，也不曾避过我们的草屋。日光是一视同仁的。"我们要相信自己，正视自己，哪怕是一株蒲公英，也有花香，也有其动人之处。

由此看来，我们应正视生活中的不公平，学会接受它。如果我们一味地沉浸在探究生活的公平与不公平中，将会虚度时光，让自己陷入困境之中。所以，我们要学会正视现实，努力地去生活、去工作。那么，到底如何消除这种不平衡心理呢？我们必须做到以下三点：

第一，不必事事苛求公平。在这个世界上，根本就没有绝对的公平。我们不能用内心的"公平尺"去衡量一切事物，否则就是和自己过不去。大多时候，量来量去只会使自己的心情受到影响。

第二，改变衡量公平的标准。不公平是一种主观的感觉。所以，我们不妨改变一下比较的标准，这样就会消除一些不公平感。你可以站在同学、老师的角度想一想，心里或许就会平衡许多。

第三，正确看待人际关系。每个人都希望得到他人的肯定和尊重。但要实现这个愿望，就要求我们学会发现和尊重别人的长处，消除自己的忌妒心理。同时，我们也要拿出自己过硬的成绩，增加争取公平的筹码。只有你的心态放正了，公平感自然也就会有了。

任何时候，一个人的付出和获得都是成正比的。所以，我们要学会接受这个不公平的世界，接受人生中不公平的一切，努力完善自己。生活中，总是有一些人异想天开，既想获得财富，却又不愿意多付出一点。在他们看来，只要有梦想，就一定能实现。但是，无数的成功事例告诉我们：如果不愿意付出，实现梦想的概率就是零，因为付出和获得是成正比的。

3. 笑对人生，看淡得失

依常情而论，人在得到一些东西的时候，大多会喜不自胜。同样地，人们在失去一些东西的时候，自然会沮丧懊恼。这时候，就需要我们笑对人生，看淡得失，及时地去调整自己的心态，不要总是沉湎于已经不复存在的东西之中。因为得到和失去，其实是相对的。看下面一个故事，你就能明白一二。

在一辆飞速行驶的列车上，一个老人刚买的新鞋不慎从窗口掉下去一只。周围的旅客看到这一幕，都为之发出惋惜声。可是没过几分钟，这个老人又把剩下的那只鞋子也顺着窗口扔了下去。众人对老人的这一举动很是不解，以为老人是受刺激了呢。

这时候，老人却坦然一笑，对周围的旅客说："无论鞋子有多么昂贵，剩下一只对我来说就没有任何用处了。那我还不如把它扔下去，说不定能让捡到鞋子的人得到一双新鞋，说不定他还能穿呢。"

故事中的这个老人的举动，看似十分反常，但却体现了他清醒的价值判断：与其抱残守缺，不如果断放弃。老人这种坦然面对失去的豁达心态，真是令人深思。

生活中，人们总是习惯于得到，而害怕失去。"有得必有失"的道理人人皆知，但是在大多数人眼中，得到了就可喜可贺，失去了就可惜可叹。所以每有损失，他们总要难过一阵子，甚至为之痛苦很久。殊不知，有时候失去并不一定就是损失。

春秋时期，有一天楚王率兵出游，走到半道时，楚王才发现自己的手弓不见了。身边的人刚要吩咐下去四处寻找，楚王却摆了摆手，说："不必了，我掉的弓，我的子民捡到，反正都是楚国人得到，又何必去找呢？"

没过多久，孔子也听说了这件事。他感慨地说："可惜楚王的心还是不够大啊！为什么不说，人掉了弓自然有人捡得，又何必计较是不是楚国人呢？"

古人云："祸兮福所倚，福兮祸所伏。"意思是说，坏事可以引出好的结果，好事也可以引出坏的结果。所以，即使你今天得到了，明天也有可能会失去。对待生活就像对待人生一样，用一颗平常心去面对就可以了。看下面这个寓言故事：

边塞上有一个老人。有一天，他家的马无缘无故跑到了胡人的驻地。邻居们都来安慰他。那个老人却说："你怎么知道它不是一件好事呢？"过了几个月，他的那匹马回来了，还带着胡人的一匹骏马。邻居们都前来祝贺他。那个老人又说："你怎么知道它不是一件坏事呢？"又过了好几个月，因为他家中有很多马，而他的儿子又非常喜欢骑马。有一天他的儿子骑马，不小心摔断了大腿。邻居们都前来安慰他。那个老人说："这怎么就不是一件好事呢？"过了一年，胡人开始大举入侵边塞地区，所有的壮年男子都被征去打仗，都不幸牺牲了。唯独这个老人的儿子因为腿的缘故，而没有被征去打仗，父子俩这才保全了性命。

这个故事就告诉我们，人世间的好事与坏事都不是绝对的。人生处处有得失，就看如何去对待它。生命如舟，我们每个人都有一条属于自己的船，船上载着太多的诱惑和虚荣。所以，在生活中，我们必须有所准备，该舍则舍，该取则取。只有这样，我们才能平安地走完自己的人生之路。

人生在世，重要的不是得与失，而是你曾经为得到付出了多少努力。无论你得到了还是失去了，只要你是快乐的，你的人生就是有意义的。

4. 用微笑来原谅他人

在人的一生中，常常因一件小事、一句不注意的话，使人不理解或被人误会，但不要苛求任何人，以律人之心律己，以恕己之心恕人，这就是宽容。

当别人不小心踩到了你的脚时，请你露出一个微笑，然后轻轻地说一声"没关系"，这是一种宽容的表现；当别人不经意弄脏了你的新衣服时，请你露出一个微笑，然后淡淡地说一句"没事的"，这是一种宽容的表现；当别人因失误而拿错了你的东西时，请你露出一个微笑，然后平静地说一声"下次小心点啊"，这是一种宽容的表现；当别人心直口快地说出一些伤害到你的话时，也请你露出一个微笑，然后冷静地说一声"没有什么大不了"，这也是一种宽容的表现。

正是因为你的一个微笑，不仅消除了对方的恐惧感，还换来了别人的一个微笑，真所谓礼尚往来！看这样一个真实的故事：

在一个炎炎的夏日中午，火辣辣的太阳像是要把人晒化似的，热得让人感到烦躁不安。有一位少年急着去买铅笔，所以不得不骑着自行车向文具店奔去。他顶着烈日，半睁半闭着双眼，心里还在咒骂这鬼天气。他一手握住自行车车把，一手用来擦脸上的汗。谁知，这时车子的前轮碰到了一块小石头，车子顿时失去了平衡，一下子摔倒在路旁，还撞倒了路边的一个小女孩。

少年忍着痛，咬着牙一骨碌从车子旁边爬了起来，连忙扶起了小女孩。小女孩手里的冰棒碎了，奶油和尘土弄脏了她那洁白的连衣裙。少年细心一看，小女孩的小手也被划破了，还留着鲜红的血。"哇"的一声，小女孩哭了。很快，周围聚集了好多人，都开始七嘴八舌地议论起来，纷纷指责那位少年。这时候，少年的头"嗡"的一声，知道自己闯大祸了。他一动不动地站在那儿，不知如何是好。

这时候，一位中年妇女挤进了人群，惊叫着扑向小女孩："怎么了，宝贝？"小女孩本来很小声的抽泣变为了号啕："妈妈……"少年一看这情形，更加不知所措了，只好乖乖地站在那里，等待小女孩妈妈的一顿大骂。

可没想到的是，那位妇女拍了拍孩子身上的尘土，问了问事情的经过，又抚摸了下孩子划破的小手，说："不要紧，回家擦点药就没事了……"顿时，少年忐忑不安的心终于平静下来了。过了一会儿，这位通情达理的妇女拉着小女孩的手，向少年点点头，并微笑着说："看，你把哥哥都吓坏了。孩子，没关系的，以后骑车小心点就是了。"

实例中的这位妇女，用一个真诚的微笑抚平了少年的紧张与不安。可见，微笑既提高了自己的修养，又宽恕了别人，这才是微笑之真谛。

5. 换个角度看生活

夏天的一个傍晚，有一位美丽的少妇投河自尽，被正在河中划船的老船夫救起。老船夫问她："你还这么年轻，为何要自寻短见呢？""我结婚才两年，我的丈夫就遗弃了我，接着我唯一的孩子又患病而死了，我唯一的希望都没有了，您说我活着还有什么意思呢？"船夫听了，沉默了一会儿说："两年前，你的每一天是怎样度过的？"少妇说："那时的我，整天自由自在，无忧无虑，每天都过得很开心。""那时你有丈夫和孩子吗？""没有，那时候我还没有结婚。""那就是说，你只不过是被命运之船送回到两年前去了，现在你又可以自由自在、无忧无虑了。所以请上岸去吧……"话音刚落，少妇恍如做了一个梦，她想了想，便离岸走了。从那以后，她再也没有寻短见。

故事中的这个漂亮少妇，之所以回心转意，是因为她从另一个角度看自己，从而看到了一种生的曙光，也感受到了自由自在的力量。其实很多时候，我们所有的苦难与烦恼都来自于自己，是自己做出的错误判断让自己陷于困苦之中。这时，我们不妨跳出来，换个角度看自己，就不会为职场挫败、情场失意而颓废，也不会为名利加身、赞誉四起而得意忘形。

现实中，如果我们能时常换个角度看待生活，就能获得自由自在的乐趣。比如，两个被关在牢房里的人，透过铁栏看外面的世界。一个看到的是美丽神秘的星空，而另一个看到的却是地上的垃圾和烂泥，这就是其中的区别。

所以，当人生遭遇挫折时，不妨换个角度来看待人生。换个角度，便会看到不一样的风景。

有一天，一个年轻人站在悬崖边，看起来一副痛不欲生的样子。这时候，一位须发俱白的老人唱着歌经过这里。于是，年轻人拦住了老人的去路，问道："老人家，您有什么开心事吗？为什么如此快乐呢？"老人朗声回答道："天地之间，以人为尊，我生而为人；星辰之中，唯日月灿烂，我能早晚相伴；百草之中，最是五谷养人，我能终生享用。这些都是让我开心的事，我为什么会不快乐呢？"年轻人听后，若有所思地点了点头。

老人看年轻人愁眉不展的样子，就笑盈盈地问他："年轻人，你是遇到什么烦心事了吗？为什么看起来如此难过？"年轻人说："老人家，我觉得很自卑，因为我发现我活得没有别人有价值。"老人听后微微一笑，说："假如这里有一块金子和一块泥土，你觉得它们当中，谁更自卑一些呢？"年轻人刚要回答，老人摆了摆手，继续说："如果给你一粒种子，让你去培育生命，金子和泥土谁更有价值呢？"说完，老人大笑而去。年轻人听完老人这番话，顿觉释然。

有一句话这样说："转一个角度看世界，世界无限宽大；换一种立场待人事，人事无不轻安。"同样是人生，换一种方式来思考，心情就会不一样。你就会认识到，生活的烦恼或开心取决于人的心境。

从前，有一位老妇人生了两个女儿。大女儿嫁给了一个卖雨伞的生意人，二女儿嫁给了一个卖布鞋的小摊贩。可是，这个老妇人却整天哭哭啼啼的。天晴了，她担心大女儿的伞卖不出去；天阴了，她又害怕二女儿的布鞋卖不出去。就这样，很快她的头发就白了。

有一天，一个年轻先生看到老妇人满脸忧愁的样子，问其缘由，不觉好笑，那个先生说："老人家，阴天你大女儿的伞好卖，你应该高兴才对；晴天你二女儿的布鞋也肯定好卖，你也该高兴才是。这样的话，你岂不是每天都有快乐的事，你干吗不捡高兴专拾忧愁呢？"老妇人听后，觉得言之有理。从此，她笑口常开，开开心心地度过每一天。

同样的一件事情，换个角度去看待，就会有不同的收获。其实，生活本就是如人饮水，冷暖自知，很多东西我们根本无法用一个标准来衡量。所以，你不妨换个角度看自己，看世界。

换一个角度看自己，其实很简单。无非是让我们用一种新的眼光，去看待事物的发展。这样就更容易去理解和深思，从而让我们感受到世界之精彩。

6. 苦难是一种财富

现实生活中，在很多人眼里，金钱是财富，股票是财富，房子是财富。也有许多人认为，知识是财富，时间是财富，亲情、友情是财富。然而，苦难其实也是一种财富。

苦难并不可怕，它不仅可以培养一个人的意志品质，还能给予一个人毅力和勇气。一个人要想获得成功，靠的就是这种坚强的毅力和超人的勇气。而这样的毅力和勇气，只有经历过苦难的人才会有。所以，经历苦难并非是一件坏事。

然而，生活在如今时代的我们，缺少的正是这样一种苦难的磨炼。我们从来没有尝过挨饿受冻的滋味，也几乎没有过同苦难斗争的经历。所以，一些人根本体会不到幸福生活的来之不易，更体会不到生命的宝贵之处。

第二次世界大战期间，出任英国首相的丘吉尔受众人敬仰。有一次，他被应邀去参加一个很不寻常的聚会，因为出席这次聚会的有很多成功实业家，还有不少明星。在聚会中，大家不分地位高低，围在一起快乐地聊天。

这时候，著名的汽车商约翰·艾顿跟大家讲起了他的过去：他出生在一个偏远、贫穷的小镇，父母因病双双去世了，家里只剩下一个比他大几岁的姐姐，懂事的姐姐便从此挑起了家里的重担。为了维持生计，姐姐每天都去帮一些富人洗衣服、做家务来赚钱。可是没过几年，姐姐就出嫁了。本想着多一个人，也可以帮姐姐多分担一些，没想到姐夫却很不愿意，硬是背着姐姐把他赶到了舅舅家。而舅妈对他更是苛刻，在他读书的时候，每天只给他吃一顿饭，还让他每天按时收拾马厩、剪草坪，要是干不完手中的活儿，就不准他吃饭。好不容易读完书，刚参加工作的他只能先给人当学徒，根本租不起房子。所以，有一年多的时间他就住在郊外的一处废旧的仓库里。

丘吉尔听完艾顿的这番话，顿时被震住了，他惊讶地问："我跟你认识这么多年，在一起的日子也不少，可是也从来没听你说过这些呢！"艾顿笑着说道："你也从来没有问起呀，再说了这有什么好说的呢？一个正在经受苦难或正在摆脱苦难的人，是没有权利跟别人诉苦的，你说对吗？"丘吉尔没听明白艾顿的言外之意。艾顿又接着说："一个人要想把苦难变成一种财富，那是有一定条件的。你只有战胜并远离了苦难，苦难才能成为你值得骄傲的一笔人生财富。当别人听到你摆脱了苦难的折磨时，会从心底里佩服你，觉得你意志坚强，非常值得敬重，而不会觉得你是在跟别人诉苦。但是，如果你跟别人说你还处在苦难之中或还没有摆脱苦难的纠缠，别人只会觉得你是在请求廉价的怜悯，甚至乞讨……"

丘吉尔终于明白了艾顿的这番话，也正是因为艾顿的这一席话，丘吉尔重新修改了他的人生信条。他在自传中这样写道：苦难，究竟是一种财富还是屈辱，一切都取决于你自己。当你战胜了苦难时，它就是你的财富；但是当苦难战胜了你时，它就是你的屈辱。

由此可见，苦难本身就是一种财富，只有像艾顿这样把苦难当作是磨炼的人，才能够真正拥有财富。如果把苦难当作是一种折磨，而不愿意去面对的人，最后哪怕富甲天下，仍然是一无所有。

在面对苦难时，我们应该持有一种乐观的态度，勇敢地去接受它。唯有这样，我们才能够克服一切苦难，把苦难变成一种磨炼、一种财富。

一位智者曾经说过："没有苦难的人生，不是真正的人生。"苦难不仅可以激发一个人的潜在能力，还可以磨炼一个人的意志，进而成就美好的人生。一棵高大魁梧的树木，其挺拔的身姿是在与狂风暴雨搏斗之后磨砺出来的；一把锋利的斧头，是在铁匠手中千锤百炼之后打造出来的。同样，一个成功人士，是在经历过困境的砥砺后焕发出生命的光彩。在我们的现实世界中，并不缺乏这样的例子。

身受宫刑、蒙受奇耻大辱的司马迁，以不屈的精神战胜了苦难，完成了史学巨著——《史记》；不幸患上会使肌肉萎缩的卢伽雷氏症的霍金，只能被永远地禁锢在轮椅上，但他却以自己的成就征服了科学界，征服了世界……正是这些苦难，给予了他们不屈的意志，使他们在磨砺中不断地成长和进步，最终成为一个成功者。

可见，如果你想要成为生活的强者，就要大胆地扬起你奋进的风帆，敢于承受和超越一切。如果在苦难中，总是自怨自艾、自甘堕落，那就不可能取得成功。要知道，一个人的人生之路是坎坷曲折的，对那些时时都有可能袭来的挫折和失败，我们必须做好克服一切苦难的准备，想方设法摆脱逆境，抵达成功的目标。

缺少了苦难的人生，就不是完美的人生，因为它缺少了人生旅途中至关重要的历练。足以见得，苦难不仅是一种磨炼，还是一种财富。它不仅能让人具备与逆境抗争的条件，而且可以培养起人们过硬的素质，知难而上，失败后再鼓起勇气去奋斗，最终抵达成功的彼岸。

7. 打开心灵的另一扇窗

失败是可以用来磨炼一个人的勇气的。只要你不害怕失败，换一个角度去看待失败，就会从失败走向成功。

在生活中，当你困惑不安时，记得打开心灵的另一扇窗，换个角度去看待生活。这时候你会发现，生活其实是很美好的，你也会因此而大有作为。

贝多芬大家不会陌生吧？他出生在一个贫寒的家庭，过着常人难以想象的贫苦生活。之后，他又被疾病折磨，正是在他最难熬的时期，他打开了自己生命中的音乐之窗，感受到了音乐之美，忘却了自己种种不幸的遭遇，最终完成了一首《命运》，道出了他的心灵世界。

世界上这样的人有很多，他们之所以能够成功，就是因为他们敢于面对挫折，打开自己心灵的另一扇窗。失意的时候，只要你肯放弃眼前的不如意，开阔心胸，你的人生就会充满快乐；面临失败的时候，只要你肯换一个角度，你会发现失败也是别有一番风味的。所以，只要我们敢于尝试失败，面对失败，通往成功的光明大道就一定会为你开启。看下面一个小故事：

曾经有一个小男孩，特别内向，总是不愿意和其他小朋友在一块儿玩耍。有一次，他的爸爸妈妈都不在家，只留他一个人在家里玩。不知怎的，他竟将自己反锁在了屋内，想尽一切办法也没能出去。小男孩开始着急了，心想：爸爸妈妈什么时候才能回来呢？我岂不是一整天都要被关在屋子里……小男孩越想越着急，甚至开始有点坐立不安了，但他还是束手无策。最后他只得绝望地大声哭喊，终于叫来了几个街坊邻居。因为小男孩家里装了非常结实的防盗窗，从窗户进去几乎是不可能的。大家七手八脚忙活了大半天，也没能把门弄开。

这时候，有人提议说："现在只能砸门了。""不可以，如果我们现在把门砸坏了，万一哪天来了小偷，该怎么办呀？""那就报警吧。""不行，警察来了肯定也要砸门的。"大家争执了大半天，突然有一个人问那个小男孩："你家里再没有钥匙了吗？"经人这么一问，小男孩才恍然大悟，拍了下脑袋，说："我怎么把这事给忘了呢，爸爸妈妈出去的时候，特意给我留了一把备用钥匙呢。"于是，

小男孩把钥匙从窗口递出去，很快门就被打开了。

在人生的旅途中，有时候我们也会像这个小男孩一样，把自己锁进生活的小屋里出不去。当我们被反锁在屋子里时，也就等于将自己与外界隔绝开来。这时候，即使再怎么挣扎，都是无济于事的。而周围的人们，由于被拒之门外，即使想帮也是心余力绌。而此时的我们，又没有及时递出开门的钥匙。当然，这不是因为我们愚笨，而是因为我们缺少了一把打开这扇心门的钥匙。生活就是这样，无论你是成还是败，都应该打开心灵的另一扇窗。

生活中，有很多时候，我们都会被困于世事的"牢笼"之中，正如那个小男孩被反锁在屋内一样。这时候，人们为了自保，往往不愿意把自己的内心暴露给他人，或者是还没有找到与他人沟通的方法，也正如那个小男孩没有及时递出开门的钥匙。防盗之门需要紧锁，心灵之门则需要敞开。所以，别忘了在必要的时候，给自己、也给别人一把开启心锁的钥匙。

有一首歌的歌词唱得好："不经历风雨，怎能见彩虹，没有人能随随便便成功……"只有从失败中走出来的人，才是真正的强者。这是一个充满成功和失败的世界，只要你坚信自己能够战胜失败，愿意打开心灵的另一扇窗。终有一天，你会获得真正的成功，成为最后的赢家！

8. 挫折是一次激励

在如今这个竞争激烈的社会里，人们总是会遇到这样那样的挫折。人们也正是在承受挫折、战胜挫折的过程中才成长起来的。可以说，挫折是人生的标杆，是生命中不可或缺的一部分。

然而，也有人认为，挫折是一块阻碍我们前行的绊脚石。它不仅会让一个人失去信心，还会让他在别人面前抬不起头。但如果你是一个聪慧的人，就应该想到，如果一个人在学习上、事业上没有遭受过任何挫折的话，怎么会有上进心？人们的生活又怎么会变得更加美好？

林肯总统大家不会感到陌生吧？他经过无数次的竞选州长、竞选议员，迎来的却是一次又一次的失败：22 岁时生意失败；23 岁时选州议员失败；26 岁时爱人去世；27 岁时精神崩溃；29 岁时选州长失败；34 岁时选国会议员失败；47 岁时选副总统失败……51 岁时，他终于当选了美国总统。在这几十年里，他经过了一次又一次的挫折，但是他却决然地选择了勇敢奋进，最终实现了自己的愿望。

世界上没有一条绝对平坦的路，也没有一个绝对平坦的人生。

在人生的旅途上，我们必须以乐观的态度来面对挫折，以巨大的勇气来承受挫折，从而战胜挫折，进而收获"柳暗花明又一村"的惊喜。

克里斯·加德纳早年生活贫困潦倒，事业也很不顺。为了养家糊口，他只好每天奔波于各大医院，帮医院推销骨密度扫描仪。但是，他连续奔波了3个月，也没能卖出去一台。后来，因为没钱支付分期付款，汽车也被人拖走了。妻子因为忍受不了穷苦的生活，便离开他和儿子，独自去了纽约。没过几日，祸不单行的他，又因为没钱交房租，被房东赶了出来，他们唯一的住所就这样失去了。从此，他便和儿子开始了东奔西跑的生活。

一个偶然的机会，他认识了一位证券公司的老总。老总在和他聊天的过程中，发现他很有潜力，于是想帮他一把。他告诉克里斯·加德纳，他那里有一个不需要大学文凭的职务，只需要懂得数字和人际关系就行。于是，他凭借自己的执着，赢得了在他的公司进行3个月无薪培训的机会，3个月后业绩优胜者就会被公司留用。但是，前来实习的有二十多个人，而且他们必须无薪工作6个月，最后也只能有一个人被录用，这对克里斯·加德纳来说，更是难上加难。

为了争取到救济住房，克里斯·加德纳在培训的三个多月里，一边做实习生，一边去教堂排队，好不容易才卖掉了一台失而复得的扫描仪。可是，因为他欠银行的利息没还，这笔救命钱就这样被没收了，他又变成一个穷人。为了养活儿子和自己，他只能选择卖血。

终于，功夫不负有心人，克里斯·加德纳在坚定信念的支撑下，凭借自己的努力，获得了股票经纪人的工作。没过多久，他还创办了属于自己的一家公司。

这个故事就告诉我们，其实，挫折并不可怕，可怕的是你没有坚定的信念去战胜它。如果你能将面前的挫折化为前进的动力，那么，你的前途将是无可限量的；如果你因为一时受挫而痛苦不堪，没有勇气去接受，那么，这就意味着你与成功无缘了。看完下面这故事或许会让你有所感触。

19世纪初期，法兰西与欧洲发生了持续数年的大规模战争。拿破仑大军横扫整个欧洲战场，迫使其余欧洲国家结成欧洲同盟，一同来对付拿破仑。当时，指挥同盟军的是一位年轻的将军。

可是，这位将军指挥的同盟大军，在拿破仑大军面前一败再败，吃了败仗的他，只好率领一小股军队冲破包围，躲进一家农舍的草堆里。在那里，将军又痛苦又沮丧，甚至想到一死了之。正在这时候，将军忽然发现墙角处有一只蜘蛛在风雨中拼命结网。也许是因为风大的缘故，蛛丝一次次被吹断。

将军望着这只失败的蜘蛛，禁不住又想起自己的失败，更加伤感了。出乎意料的是，他发现蜘蛛并没有因为一次失败而放弃，而是决然地开始了第二次。将军在一旁默默地看着，心想：蜘蛛啊，别白费心思了，还是省省力气吧。正如将军所料，这一次蜘蛛还是失败了。可是，执着的蜘蛛根本没有放弃的意思，又开始了新的忙碌，它就这样来回地忙碌着。

就这样，蜘蛛继续了六次，也失败了六次。将军开始为蜘蛛的执着感动了，心想："这下你该放弃了吧？有些事是注定了的。"但是，蜘蛛没有放弃，而是回到原处，不紧不慢地吐出丝，然后又爬向另一头。在第七次的时候，蜘蛛终于把网结成了。

将军看到这一切，深受激励。后来，他又重整旗鼓，终于在滑铁卢之役打败了拿破仑，取得了决定性的胜利。而这位将军就是历史上赫赫有名的威灵顿。

这就告诉我们一个道理：在生活中，我们遭遇的每一次失败与挫折，都会使一个勇敢的人更加坚定。可见，只有经历了失败的痛苦，我们才能够找到真正的自我，感受到自己真正的力量。

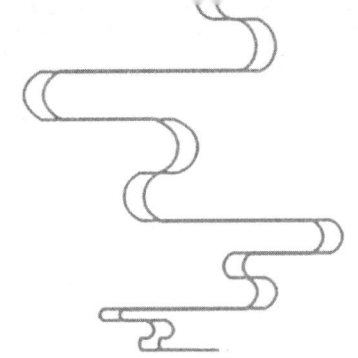

第九章

悦纳自己

——容忍自身的不完美

悦纳自己，就是要敞开胸怀，做自己的主人。悦纳自己的人，在接受自己优点的同时，也了解自己的缺点。坦然地承认并克服自己的不足之处，不断地完善自己，这是一种修养，也是一种难能可贵的品质。金无足赤，人无完人。我们只有学会悦纳自己，才能不断地改善自己、超越自我。只要我们学会肯定自己，就能拥有属于自己的那片天空。

1. 不完美，也是一种美

古人常说，完美乃十全十美，鲜见瑕疵。完美是一种境界，许多人都在追求这种境界。这是一种高远的生命追求，也是一种积极的人生态度。甚至可以说，如果我们没有对完美的追求，这个世界就不会进步。

然而，完美又是一个可望而不可即的目标，人们只能接近它而无法真正达到它。或许今天看起来完美的东西，到明天就会变得有缺憾。从这个意义上讲，如果我们过于苛求事物的完美，最终只能成为一个脱离现实的理想主义者。

俗话说得好："金无足赤，人无完人。"作家韩寒说："既然社会上已呼唤不到全才，那就只好把'全'字下的'王'去掉，做一个人才。"韩寒的这句话说得很有道理。因为生活中，没有完美的人和事。

在辽阔的草原上，一只小长颈鹿刚刚出生。两天后，它就能蹦蹦跳跳了。可是，它渐渐地发现，自己的脖子太长，干什么都觉得碍事。一天，它跟森林小伙伴们去小河边喝水，其他小伙伴稍微一低头，就可以够着水。可是，它把头低下好多还是够不着水。于是，它只好趴下来，伸长舌头，这才够着一点儿水，样子难看极了。其他小伙伴觉得这是它的一个缺陷，所以开始有点嫌弃它，甚至看不起它了。

小马说："为什么你的脖子那么长呢？看起来一点儿作用都没

有。"于是，大家就开始疏远小长颈鹿，不愿意跟它一起玩耍了。这样，它每天只能够看着别人玩，心里难受极了。于是，它就把自己锁在房里，谁叫也不肯开门。

有一天，长颈鹿爸爸妈妈叫它出去散散心，它也不肯去。突然，从它的窗外闪过一个影子，原来是小野狗——这个草原上的推销员。小野狗对着窗户说："小家伙，别整天闷闷不乐的了，你现在出来，我送你一样好东西，你见了肯定会高兴的。"小长颈鹿一副没精打采的样子，淡淡地说了句："你从窗户上递给我吧。"它接过东西，发现是一张精制漂亮的卡片，上面写着"热带草原整容中心"八个大字。

过了两周后，小长颈鹿出院了。它一路狂奔，顾不得烈日的暴晒，心里只想以最快的速度把这个消息告诉它的伙伴们。可是刚一回到家，父亲看到它奇怪的样子，就大发雷霆，骂它道："你把你的脖子弄得这么短，看起来像什么话，以后要是吃了苦，你可千万别后悔。"可是，小长颈鹿根本就听不进去，它只知道它又可以和大家一起玩耍了。

又过了几个月，一场大雨降临，干涸的大地在尽情地享受着甘甜的雨水。这时，小长颈鹿已长大了，但它却十分消瘦，再加上它的个子不够高，吃不到树上的叶子，所以只能靠父母，但它始终也没意识到自己所犯的错误，似乎没有一丝后悔之意。

有一天，鹿群在一块草地上歇息，突然间大家都发狂似的奔跑，而只有它，靠在一棵大树下，浑然不觉危险已经降临了。最终，狮子追上了它。

其实，长颈鹿的脖子是有着巨大作用的，不仅可以观察到远方的敌情，还可以吃到树顶的叶子。但是，故事中的这只小长颈鹿，却不懂得利用现有的条件完善自己，反而让自己陷入困境中。生活中也一样，人们在追求完美的过程中，总是以为真正的完美就是没有任何缺陷。殊不知，完美的东西是不存在的，世间万物皆有缺憾。

古代四大美人之首西施有沉鱼之容，但这般美人也是美中不足有病心之痛。可正是这种心痛病，使她多了一点我见犹怜的动人，从而成就了一种妩媚纤柔的女性美，让人更加青睐。如果她没有这个小小的缺憾，也就不会锦上添花了。

这世间很难有完美的人或事物存在。李白贪杯嗜饮，柳永难过情关，可以说他们都有自己的缺陷。但是，这份缺陷并没有掩盖住他们天才的光辉。恰恰相反，正是这些所谓的缺陷，使他们的诗作有了鲜明的特色和张扬的个性。所以，不完美并非就是不美。

月亮正因为有阴晴圆缺，才使人不感到乏味；维纳斯正因为缺少了两只胳膊，才有了跨越时空的魅力。生活也是如此：瑕疵相兼，才是完整的生活，如果事事都追求完美，终有一天会把自己累倒。所以，我们要学会从不完美中去发现美。当这种不完美成为生命中不可或缺的一部分时，就会升华成一种更高境界的美。

没有一个人是没有缺点的，也没有一件事物是完美无瑕的。一定要记住，很多时候不完美其实也是一种美。有时候，接受一种残缺和不完美，是一个人豁达和成熟的表现，也是人生的一种境界。

2. 生活没有十全十美

世界上不存在尽善尽美的人和事。如果我们用完美的尺度来要求自己，心理就会永远处于不平衡的状态。

在现实生活中，每一个人都在执着地追求完美，希望自己能够在各方面达到完美。殊不知，他们在追求完美的同时，不仅失去了更多机会，还失去了爱情、亲情，甚至迷失了自我。看下面这样一个故事：

有一位年轻的老师，几乎没有在自己学生面前出过任何差错。有一次，由于一时疏忽，他在学生面前犯下了错误，为此他一直内疚不已。他总觉得自己在学生心中的完美形象没有了，担心在以后的日子里，学生们不会再像以前那样爱戴他、依赖他了。所以他就瞒着自己的学生，不愿意主动认错。

可是，在接下来的日子里，他一直受着内心的煎熬。终于有一天，他实在是忍不住了，就主动给学生们道了歉，坦白了自己的错误。可是，他惊喜地发现，学生们不但没有讨厌自己，反而比以前更爱他了。他由此发出感叹：人难免会犯错误，其实那些偶尔出现过错的人才是最可爱的，没有一个人总是期待你成为圣人。

从心理学角度看，一个执着追求"完美"的人是很可悲的，因为他根本体会不到生活中有盼望、有追求的感觉。所以，我们不需要去羡慕那些完美的东西，因为美都是在相比较的情况下才显现出来的。残缺的美才是真实的美。正是因为有残缺，所以人们才会有一种更高的期待感。

有句谚语说得好："世上没有不生杂草的花园。"的确，要找到一个不长杂草的花园是不可能的。世界上根本不存在绝对完美的事物和人。

在现实生活中，追求完美本身并没有错，但我们心中应该清楚，这个世界本来就是不完美的。要是完美了，社会早没有发展的空间了。

曾经有一个男人，发誓要娶一个完美的女人为妻，之后他便开始了寻找完美伴侣的旅程。他寻找了大半辈子，感觉到特别疲惫，就决定停下来，不再寻找。回到家时他已是一个白发苍苍的老人，仍然是自己一个人，最终也没有找到他的完美伴侣。而儿时的伙伴早已经是儿孙满堂了。

有人问他："在外面这么多年，你周游了那么多地方，难道就没有找到一个你心目当中的完美女人吗？"

他说："我曾经遇见过一个很完美的女人，无论是她的面貌、身材，还是她的人品、学识和修养等都非常完美，没有什么可挑剔的，绝对是一个超级完美的女人。"说到此时，老人眼睛当中流露出了一种无限向往的神情。

那个人很是好奇地追问道："那你为什么没有娶她为妻呢？"

老人回答说："不是我不想娶她，而是她也想要找一个完美的男人！"

这个世界上没有完美的爱情。或许你在一个人眼中完美无缺，而在另一个人眼中却是一文不值，只因为每个人看待完美的态度不一样。如果你一味地去寻找自己认为完美的东西，到头来也只会一无所有。

3. 敢于正视自己的缺陷

人无完人，每个人都有缺点。缺点并不可怕，可怕的是拼命掩饰自己的缺点，而且明知自己的缺点而不去纠正。曾有人说："愚蠢之人的可怕不在于其笨，而在于其自作聪明。"那些自作聪明的人，往往假装自己是十全十美的，在别人面前总是妄自尊大，结果只能让人们对他敬而远之。

这个世界没有绝对完美的事物。可以说，缺陷无处不在。每个人都存在着或大或小的缺陷。虽然完美是人生的奋斗目标，是理想的寄托点。然而，理想中的完美却总是有些虚无缥缈，唯有缺陷才是最真实的。

美国的海伦、中国的张海迪，她们虽然都有残疾，但她们并没有放弃自己，而是依靠自己的顽强意志力，努力去奋斗、去拼搏，最终取得了令人瞩目的成绩。可见，虽然她们的身体是有残缺的，但她们的心灵却是十分完美的。

曾经有一个盲人，小时候他就常常为自己的缺陷而烦恼、沮丧，认为这是老天在惩罚他，觉得自己这一辈子算完了。

后来，有一位教师开导他说："其实，世上每个人都是被上帝咬过一口的苹果，都是有缺陷的人。有的人缺陷比较大，是因为上帝特别喜爱他的芬芳。"他听了这番话，很受鼓舞。从此，他就把失明看作是上帝的特殊钟爱，告诉自己一定要振作起来，勇敢地向命运挑战。若干年后，他成了一个著名的盲人推拿师，为许多人解除了病痛，他的事迹还被写进当地的小学课本里了。

生活中，在面对缺陷的时候，我们总是会感到可惜、无可奈何，甚至自怨自艾，认为缺陷一定会阻碍成功。殊不知，缺陷也是一种美。人正是因为有了缺陷，才能突出另一方面的完美。

其实每个人都有缺陷，如果一个人是完美的，那么他的缺陷就是没有缺陷。要知道，折翼的天使仍是美丽的，缺臂的维纳斯更加楚楚动人。缺陷虽然不可以改变，但我们可以换个角度去欣赏它、接受它。缺陷给我们带来的不一定就是痛苦，或许是另一种生命的潜能。所以，我们要相信，美中不足的缺陷也是美的一种诠释，甚至是一笔巨大的财富。

4. 做自己的伯乐

人们常说，慧眼识珠者为人景仰，知人善任者功德无量。然而，在茫茫人海之中，这样的"伯乐"却往往是可遇而不可求的。我们每个人身上，都蕴藏着一份特殊的才能。这份才能犹如一位熟睡的巨人，在等待着我们去唤醒。

纵观古今，曾经有多少人才感叹自己怀才不遇，在等待伯乐中碌碌终身。可是，在如今这个人才辈出、竞争力十足的社会，终日无所事事，整日盼望有人来"慧眼识英雄"，显然是不可行的。所以，从今天起，我们要开始学会做自己的伯乐，只有这样，才能够取得成功。

毛遂身为赵公子平原君赵胜的门客，在平原君门下三年没有名声，不被人所知。赵惠文王九年（公元前290年），秦国围困了赵国的都城邯郸，大敌当前，赵国形势万分危急。情急之下，赵王便派平原君去楚国求兵解围。于是，平原君把所有的门客都召集起来，想挑选20个文武全才一起去。他挑了又挑，选了又选，最后还缺一个人。这时，门客毛遂自我推荐，说："让我也去充充数吧！"平原君见毛遂再三要求，于是勉强答应了。

到了楚国，楚王只接见平原君一个人。两人从早晨谈到中午，还是没有结果。这时候，毛遂大步跨上台阶，大声叫起来："合纵发兵只不过是三言两句的事，为何议而不决呢？"楚王听后非常恼火，就问平原君："这个人是谁？"平原君回答道："此人名叫毛遂，乃是我的门客！"楚王大声喝道："我和你主人说话，你来做什么！"

毛遂见楚王发怒了，非但不退下，反而又走上几个台阶，他说："楚国拥有五千多里土地，一百万士兵，以楚国现在的国力，是完全可以称霸的。可是，没想到的是秦国一兴起，楚国就连打败仗，甚至连楚国国君也成了秦国的俘虏，这真是楚国的奇耻大辱啊！如今，我们两国联合抗秦，最重要的是帮楚国报仇雪耻。可是大王您却支支吾吾，您不觉得亏心吗？"正是毛遂的这一番话，刺中了楚王的要害。于是楚王决定出兵，并同平原君歃血为盟，协力抗秦。从那以后，毛遂就名声大振，并留下了"小蔺相如"的美称。

毛遂之所以能够名垂千古，正是因为他敢于发现自我、欣赏自我，敢于做自己的伯乐。这也告诉我们：如果你是一匹"千里马"，就千万不要把希望寄托在别人身上，而应该义无反顾地向毛遂学习，做自己的伯乐，发挥自己的才能，然后以百倍的信心把自己"推荐"出去，进而实现自己的远大抱负。

举世闻名的世界首富比尔·盖茨大家都不陌生吧？中学时代的他，就已经成了计算机的狂热爱好者。那时的计算机，不仅运行速度慢、操作步骤烦琐，程序也非常不稳定。于是，当时有许多的使用者都在抱怨，却从未采取任何实际行动，也没有改变现状的愿望。可是，比尔·盖茨却乐此不疲，把自己的所有时间和精力都投入到了程序的改进中去。正是他的执着，使得他不断地取得成功，直到他成立了公司——也就是名扬天下的微软公司。

成功的事例有很多，柯达的成功也是从相机胶片改进开始的，却成就了日后的事业。可见，杰出人物的机遇各不相同，唯一相同的是他们都拥有执着的精神，把人们看似无法实现的事情做出来，并且做得非常出色，从而获得成功。同时，他们又是自己的支持者，充分相信自己，敢于做自己的伯乐。

其实，每个人都是与众不同的，拥有别人无法比拟的优势，你同样也是。与其苦苦等待，不如踏踏实实去干，因为成功永远只属于有准备的人。即使你再有本事，守株待兔的结果也只能是一场空。所以，我们要不断充实自己，把命运掌握在自己手中，做自己最好的伯乐。

曾经有一位少年，出生在全国武术之乡，他从小就酷爱武术，在当时也称得上是个"英俊小生"。那时候，少年最"辉煌"的梦想就是当一个像李连杰一样的武打影星。于是，少年拼命地自学武术，拼命地自悟"表演"之道，可就是没有一个导演到这所乡下的学校来选角。因此，这位少年不但没有成为"李连杰"，也没有主演《一个也不能少》的魏敏芝那般幸运。

后来，这位少年发现自己居然是一块写文章的料，不仅敏感，善于捕捉生活中的闪光点，对一些事物也都有自己独到的见解，有一种天生的对文字的景仰和热爱。再后来，这位少年发现自己也是一块练武术的料，不仅身体素质好，模仿能力强，还很富有表现力，眼神尤为不错，精气神的传达也十分到位。虽然那时候他没有被大学特招，也没有像徐克、李安一样的动作片大导演来挑选他，但他还是把写作和练武坚持了下来。

又过了几年，这位少年终于以武术为特长，敲开了曾经紧闭的大学之门。同时，又以文学为通道，走向了一片美妙无比的心灵的开阔地。

足以见得，每个人的人生道路都是不同的，你是愿意让自己年少时的梦想流失在岁月的河流里，感叹自己怀才不遇，还是愿意把握一切机会，做自己的伯乐呢？

每一个人都是优秀的，每一个人都是千里马——如果你是这方面的千里马，他可能就是另一方面的千里马。所以，不要去羡慕别人的成功，而忽视了自己的努力；也不要去慨叹命运的不公，而忘记发掘自己的潜质；更不要苦苦地等待别人来发现你，而让自己碌碌终身。

现在你所要做的就是：找到你人生的方向，然后努力地坚持下去。或许即使这样做了，你的成就仍不一定轰轰烈烈，但至少到你年老的时候，你可以对自己说我没有任何遗憾，毕竟你曾经努力过。

那么，从现在起，做自己的伯乐，努力地去发现自己的天赋和潜能，并将其发扬光大；做自己的伯乐，进一步发现自己、赏识自己、挖掘自己，看准正确的方向，一步一个脚印地往前走。相信终有一天，幸福和成功是属于我们的。

5. 接纳生活中的不完美

现实中，有很多人总是在追求完美。工作中做到完美，学习中做到完美，生活中做到完美。追求完美，是人类自身在成长过程中的一种心理特点或者说一种天性。在一定程度上说，追求完美实际上就是完善自我的过程。正是因为人类不断地追求完美，才不断地得到进步。

从前有一个渔夫，每天靠打鱼度日。他每天起早贪黑地到大海里钓鱼，钓到一篓鱼之后，就拿到集市上去卖。就这样，他从没有一天中断过钓鱼，他的生活过得也还凑合。

有一天早晨，他像往常一样去海里钓鱼。这一天收获倒是不小，不到两小时，就钓了有大半篓鱼。渔夫心里高兴极了，心想：中午之前我肯定能钓一大篓鱼，下午就可以上集市了，卖完了回来接着钓。

正在渔夫高兴之际，一个不小心，鱼竿竟然掉到海里了。渔夫慌了，赶紧下海里去捞他的鱼竿。突然，他从海里捞到一个东西，渔夫拿出来一看，眼睛都快直了：手里握着的居然是一颗大珍珠。渔夫觉得自己好像是在做梦，掐了掐自己的大腿。哈哈！居然是真的！渔夫拿着它真是爱不释手。可是，他发现这颗珍珠上面有一个小黑点。渔夫心想：这么漂亮一颗珍珠，怎么可以有黑点呢？必须把黑点刮掉，这样才算完美嘛！

想到这儿，渔夫就回家找了一把小刀，准备用刀子把那个小黑点刮掉。可是，渔夫刮掉一层，黑点还在，再刮一层，黑点还在，刮到最后，黑点没有了，珍珠也不复存在了。渔夫看着地上的珍珠末，又看看手里握着的那把小刀，放声大哭起来。

生活中没有完美的东西，也没有尽善尽美的事情，只有当你学会接受的时候，你才能够以平和的心态去看待自己所拥有的。当你用一种行云流水般淡泊的心态来享受生活带给你的一切的时候，你就会觉得自己的生活富有质感。这时候你才会发现，原来我们的每一天都是崭新的。既然我们选择了在自己的人生之旅中行走，就必须要接受生活带给我们的快乐，也要勇敢接受生活带给我们的悲伤和痛苦。

有人问俄罗斯著名钢琴家鲁宾斯基："你有没有弹奏出错的时候?"他说："当然有，我把我出错的地方加起来，足可以编成一本厚厚的书!"人生不可能永远精彩，再伟大的人也不可能永远风光。接纳自己，宽容自己的缺憾，发现自己的长处，发展自己的优势，自己一定会有精彩的时光。

6."出丑"是"出众"之母

法国有这样一句谚语："一个从不出丑的人，并不是他自己想象的聪明人。"如果我们想要改变一下自己的生活，就要敢于冒一次出丑的风险，不要总是担心自己会出丑。

生活中，有一些人总是拒绝学习一些新东西。不是因为他们不愿意学，而是因为他们害怕出丑。所以，他们宁愿错过难得的机会，也不愿意出丑。殊不知，人的一生总是在挫折和失败中成长，犯错和出丑更是在所难免的。虽然在别人面前出丑，的确会让人感到难堪。可是，出丑却是学习和成长的好机会。只有敢于在别人面前出丑，勇于在别人的笑声中爬起来，才会取得成功。

乔治六世是一位国王。他的小名叫伯蒂，从小跟父亲和哥哥生活在一起的他，因性格怯弱而养成了口吃的毛病。在日常生活中，说话对他来说都是一件很困难的事，更别说在公共场合演说了。

当时，还是约克公爵的乔治六世，在一次演讲中，由于扩音器被放大，顿时有千千万万个声音在空中回旋，台下人们的脸上表情各异，有的按捺着想笑又不敢笑，有的故作正经下露出几丝轻蔑，也有发自内心的关怀和焦急，这令他相当丢脸。

从那之后，乔治六世没有一蹶不振，而是勇敢地接受治疗。在通过一次次失败的演讲，一次次失控的爆发，他从结结巴巴让全国人民"无语凝噎"，到最后可以发表振奋军心的演讲，从而战胜了自己的弱点。

人们常说："吃一堑，长一智。"只有我们敢于出丑，才能锻炼我们的勇气和信心；只有我们勇于出丑，才会像乔治六世般领会"一次羞红了脸，胜于终日的面色苍白"的人生哲理。

"大愚若智，积愚成智"，生活就是这样。我们之所以不愿意出丑于人前，就是因为缺乏自信心，受困于面子。殊不知，只有出丑了，我们才会认识到自己的缺点，才能真正找到问题的症结，从而寻找方法，解决问题。

出丑总会让人感到难堪，但是无数次的出丑能练就聪明。

小宋是一个非常内向的人，整天除了读书，没有其他什么业余爱好。有一次，学校组织了一次网球比赛，要求每个人都参加。因为他平时很少参加这种活动，所以技术很不好。他一再找借口要退出比赛，都没被批准。在比赛中，他总是害怕打输，总是不敢主动与人对垒。小宋还有一个同班同学，名叫小吕，他的网球打得更差，但是他不怕被人打下场，越是输越打。后来，他成了令人羡慕的网球手，还成了大学网球队队员。

由此看来，不敢出丑者，也就不会变得强大起来。只有那些勇敢地去干他们想干的事的人们才是值得赞赏的。即使有时会在众人面前出丑，可是他们还是会洒脱地说："没什么大不了的。"

有些人认为，聪明人绝对不会出丑，出丑的人必定是大傻瓜。然而，事实并非如此。一些人，正是在不断的出丑中，让自己变得更加优秀。

7. 人非完人，不必苛求完美

上帝是公平的，同时也是不公平的。说上帝是公平的，是因为它赐予每个人以生命与死亡；说上帝是不公平的，是因为它在赐予每个人以使人羡慕乃至忌妒的美德的同时，也赐予使人抱憾或幸灾乐祸等的种种缺陷。所以，我们永远不要去苛求完美。

有一天，一个未婚青年在路过一家婚姻介绍所时，放慢了脚步，最后忍不住走了进去。当他怀着好奇心走进大门后，发现迎面有两扇大门。他走近一看，一扇门上写着：美貌的；另一扇门上写着：不太美貌的。于是，他毫不犹豫地推开那扇"美貌的"门。可是，迎面又出现两扇门。一扇门上写着：年轻的；另一扇门上写着：不太年轻的。他想也没多想，就推开那扇"年轻的"门。没想到迎面又见到两扇门。一扇门上写着：善良温柔的；另一扇上写着：不太善良温柔的。他依旧不假思索地就推开"善良温柔的"门。更让人意外的是，又出现两扇门。一扇门上写着：有钱的；另一扇门上写着：不太有钱的。这一次，他如同闪电般地，一把就推开了那扇"有钱的"门……

就这样，他一路走下去，他一共推开了九道这样的门，先后选择了美貌的、年轻的、善良温柔的、有钱的、忠诚的、勤劳的、文化程度高的、健康的、具有幽默感的。当他推开最后一道门时，只见门上写着非常醒目的一行大字：对不起，您追求得过于完美了，这里已经不能够再为您提供更加完美的了，请您到大街上找找看吧。这时候，这个未婚青年才意识到，原来他已经走到了婚介所的出口。

这个幽默故事不只是讲婚姻，更是在讲有关完美的话题。如果一个人过于追求完美，就会像故事中的那个人一样一无所获。世界上没有完美的人和事，所以，我们没有必要去苛求完美。有时候，如果你对自己的要求太严格，只会把自己弄得筋疲力尽。

8. 完美是海市蜃楼的虚幻

现实生活中，总是有很多人希望按照自己的想法来设计自己的人生。他们总是渴望一种高境界的人生状态。人生并没有完美可言，那些童话里的理想世界是不可能出现在现实生活中的。所以，如果我们不能接纳生活中的不完美，而一味地苛求生活，那么到头来也只是在自寻烦恼。看下面一则可笑而发人深省的故事：

从前，有一个帅气的年轻人，娶了一个美若天仙的妻子。周围的人都很羡慕他们，觉得他们两个真是郎才女貌，实在是太般配了。在周围人的祝福下，他们两个人更是恩恩爱爱，每天都在开心中度过。

有一天，这个年轻人外出时，在大街上看到一个比自己妻子还漂亮的女子，顿时被吸引住了。他仔细地端详这个女子的容貌，觉得这个女子的鼻子甚是好看。突然，他想到自己妻子的鼻子有一点儿美中不足，心想：要是能把这个女孩的鼻子买下来，安在我妻子脸上，那我妻子肯定就是这个世界上最完美的女子了。

这个年轻人越想越兴奋：太棒了，我一定要不惜一切代价买下她那个鼻子。于是，这个年轻人真的用高价买下了长着端正鼻子的女子，想给心爱的妻子一个很大的惊喜。为此，他连夜赶回家中，拿着血淋淋，而且还有点温热的鼻子，大声呼叫："老婆，你赶紧出来啊，你看我给你带什么礼物回来了，你肯定会非常喜欢的。"

"到底是什么样的礼物，让你一进门就大呼小叫的？"妻子疑惑不解地从屋里走出来。"你看，我为你买了一个端正美丽的鼻子，你戴上看看，肯定非常漂亮的。"

年轻人刚说完，还没等妻子反应过来，就从怀中抽出一把利刃，一刀朝妻子的鼻子砍去。一时间，妻子的鼻梁血流如注，鼻子就这样掉落在了地上。这时候，年轻人赶忙用双手把那个端正的鼻子嵌贴在伤口处。无论他如何努力，绞尽脑汁想尽一切办法，可那个漂亮的鼻子始终也无法粘在妻子的鼻梁上。年轻人失望极了，一下子瘫倒在地上。

那位可怜的妻子，既得不到丈夫苦心买回来的端正而美丽的鼻子，又失掉了自己原来的美貌，还受到无端的刀刃创痛。

这个年轻人的行为虽然让人觉得有些可笑，但却形象地体现出了人们追求完美的心理。

面对生活，只要我们尽量不用完美的心态去要求它、设计它。那么，我们的烦恼和忧愁就会减少，快乐自然也会增加。

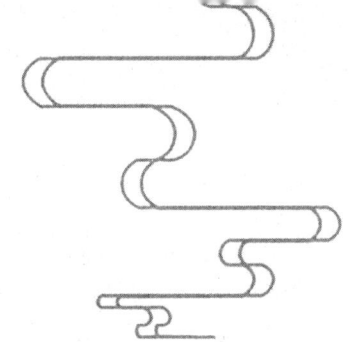

第十章

宽大忍让

——完美婚姻的一剂良药

婚姻，犹如行驶在大海中的小船，风平浪静时一帆风顺，风雨交加则险象环生。只有划动包容的桨，挂起理解的帆，齐心协力才能到达幸福的彼岸。婚姻是一份承诺，也是一份责任。婚姻需要一点点忍让，一点点相依相知，还需要一点点温馨。婚姻，就是相互恩爱、相互理解、相互忍让、付出真情、没有私心，像阳光一样照耀对方，像火一般温暖另一半，这才是真正的爱情，才是一段天长地久的婚姻。

1. 包容，婚姻美满的秘诀

　　婚姻是每个人一生中的大事，婚姻的美满与否，将关系到未来生活的质量好坏。正确处理好婚姻关系，是一门复杂、细致的学问。那些准备结婚或结婚不久的人们，在面对婚姻时大都抱着美好的憧憬。殊不知，在这个客观现实面前，我们更需要冷静的头脑。

　　人世间，最亲近的关系，莫过于夫妻。夫妻两个人是从不同的家庭走到一个屋檐下，两个不同性格、习惯的人要想保持婚姻的幸福美满，要想使夫妻间心心相印、亲密无间，两人都要有那么一点"牺牲精神"，需要双方互相体贴，互相尊重，互相信任，多一分宽容和理解，少一些指责和苛求。

　　我们知道，宽容是善待婚姻的最好方式，充分理解对方的行事做法，不苛求不责怨，给对方以爱的源泉，婚姻一定会和美幸福，因为宽容中包含着理解、同情与原谅。

　　夫妻之间不能不宽容，不可不宽容。宽容乃是夫妻和睦、婚姻美满的纽带，是爱心与信任的展示。夫妻关系离开了宽容，那是不可想象的。理想中完美的人是不存在的，每个人都有自己的长处与短处，期望自己的配偶十全十美，那是不现实的。你既然深爱着你的配偶，就要包容他（她）的一切，既欣赏他（她）的优点，也要接纳和原谅他（她）的缺点。如果你对配偶的缺点和过错不能宽容和谅解，处处求全责备，对方是无法接受的。长此以往，那婚姻就岌岌可危了。常用宽容的眼光看婚姻，家庭才能稳固和长久。婚姻必须有宽容作基础，才能品尝到幸福和快乐，才能品尝到婚姻的甜美与温馨。而我们所指的"宽容"，并不是指在大的原则问题上不讲是非，而是指在不违背原则下的理解与谅解，是一种真正的爱。夫妻关系中宽容一分，婚姻就会美满一分。宽容是融化夫妻之间冰块的一剂良药。

有那么一对夫妻，他们挤牙膏的习惯不同，妻子喜欢从尾部挤起，认为这样挤得干净；而丈夫呢却喜欢从中间挤，觉得这样挤着方便。为此他们经常争吵，相处几年后，谁都无法容忍对方的"毛病"，终以离婚收场。

因为挤牙膏方式不同竟然"挤掉"了一桩婚姻，简直令人难以置信，这也许仅仅是个离婚的爆发点吧！这只不过是一个无关大雅的生活习惯，就这么一个细小的动作，是不是太吹毛求疵了？这也真是应着了一句歌词："相爱总是简单，相处太难。"

两个生活经历和背景完全不同的人，在原本各自的家庭中养成了不同的生活习惯，一旦生活在一起，难免有很多习惯不一样，所以别尽想着改变或者改造对方，而是应尽量地去适应对方才是。仅仅因为挤牙膏方式不同的问题，就大动肝火，大动干戈，实在是犯不着。可以这么说，因为牙膏而离婚的夫妻，原因不是牙膏，真正的原因是无爱。

在柴米油盐的日常生活中，夫妻之间经常为一些芝麻小事争执，说明在他们之间感情的含量是微弱得不足以支撑起幸福的。毕竟结婚和恋爱是不同的，恋爱中的人总是将自己最好的一面呈现给对方；而结婚后，很多生活习惯上的不合拍就会在日常的点点滴滴中不知不觉地暴露出来。

走到离婚这一步的夫妻，都有着各种各样的原因。婚姻是需要夫妻双方一辈子来经营的事，美满婚姻需要学会容忍和理解，围城男女不要轻易说离婚。在婚姻生活中难免有点小摩擦，怎么处理很关键。凡事别动不动就上纲上线，伤人的敏感词要加以过滤。夫妻都学会宽容地对待对方的某些习惯和问题，会让双方更轻松，会让婚姻生活更和谐、更美满幸福。

许多人婚姻中因一些生活琐事而引起冲突的时候，问题根源在于两个人来自于不同文化背景的家庭，却需要同时面对对方家庭所固有的生活方式与文化习俗。这是一个棘手的问题，谁也不愿意改变自己的生活习惯完全去照顾对方，那么我们应怎么做才能既让自己舒服又不为难对方呢？当事情发生时我们认同差异的存在，并试着去接纳它们，这也许是不错的选择。那样会弥合内心的伤痛，并通过对对方的行为赋予积极的意义来减轻自身的焦虑，让心灵主动地寻找那个平衡点。

婚姻中，我们不能总是期待我们的伴侣如我们想的那样生活。古人说"己所不欲，不施于人"，就是这个道理。设身处地想一想，若换成自己，能否彻底改变固有的生活习惯与思想观念？如果不能，就不该强求对方按照自己的意愿行事，否则肯定会"战火"不断。这个时候夫妻双方都退一步，换个角度看问题，让婚姻跟挤牙膏一样，你从中间挤，那我就从底部挤，生活上的磕磕碰碰就在这互补中度过。岂不更好？

2. 让爱情在宽容中升华

宽容，是一个人为人处世永恒不变的主题。潘朝东教授曾经给出了一个非常精辟的宽容定义："宽容，是自然界最伟大的天性和功能，也是人们效法自然而产生的最伟大和最完美的道德。以宽容求和谐，则和谐显；以宽容求快乐，则快乐多。"

每个人的一生中都会有爱，或多或少，因为人本来就是一个感情动物。爱，有时候是美丽温馨的，有时候是残忍自私的；有时候是渺小的，有时候又是博大的。有时候爱根本无法用语言和文字去表达。我们每天都在上演着各种故事，在人们眼中当然希望喜剧越多越好，悲剧越少越好。关于爱的悲欢离合，我们只需要多一分理解，多一分宽容，少一点仇恨，少一点报复……

如果我们以宽容求幸福，则幸福也会多；以宽容对待爱情，则爱情会在宽容中永恒，同时也会在宽容中升华。宽容之于爱情，若水之于鱼。也就是说，两个相爱的人，如果彼此间没有了宽容，那就如同缺失了水的鱼儿没有了自由一样，注定这段爱情以失败而告终。

爱情是人们情感永恒的美丽话题，但就其本身而言，两个相爱的人，是最容易暴露彼此的缺点的。如果没有宽容为爱情做前提，即使曾经有过海誓山盟，也终究禁不住时间的考验。可见，所谓宽容，其实就包括三点：有一颗博爱之心，容纳彼此的一切，化解所有的怨恨。

有一颗博爱之心。博爱是一种宽容。博爱是一种互相关怀、互相尊重、互相信任、互相理解、互相帮助、互相奉献、共同获得幸福和快乐的真实情感。

容纳彼此的一切。容纳在生活中是非常重要的。学会了容纳，便是收获了快乐。一个人只有学会容纳，才能够真正地适应这个社会，适应现在的生活，也才能够成为一个心胸广阔的人。

化解所有的怨恨。生活中，人与人之间难免会产生各种怨恨。而一个人一旦有了怨恨，就会进一步恶化，形成恶性循环。所以，当你遇到"怨恨循环"时，就要尝试着用宽容和爱心去化解它。

古往今来，有多少矛盾在宽容中化解，又有多少过失在宽容中弥补。在广博的大千世界，太阳再耀眼，也不可能照到世界的每一个角落；月亮再柔美，也总会有阴晴圆缺的时候。既然这样，我们何不以博爱之心对待爱情、追求爱情呢？

科威特著名女作家穆尼尔·纳素夫曾说："一个宽容大量的人，他的爱心往往多于怨恨，他总是宽容、忍让、豁达，从不悲观、消沉、焦躁、恼怒。"宽容，可以建立无数个和谐美满的家庭，可以升华更多的激情之爱，也可以让人们的个性之美在爱中融合。

爱情就是这样一种爱，不必用语言去传达，只需要用心去体会。爱情，不能靠一时的激情，也不能靠一刻内心的感动。一时一刻的激情和感动，代替不了一生的完美与和谐。所以，我们要用容纳一切的心态来对待爱情，要做到：包容彼此的不足，做好改变以适应彼此一辈子的准备。唯有这样，才能够成就长长久久的爱情。

在现实生活中，十全十美的爱情几乎是不存在的。多少夫妻为性格不合而离异，又有多少情侣因志趣不同而分道扬镳。只因为没看到彼此的优点和缺点，而让激情之爱在燃烧中化为灰烬。所以，为了让这个世界充满爱，让天下所有的有情人终成眷属，我们需要以最大的宽容来让爱永恒，让我们在宽容中成长，也让爱情在宽容中升华。

3. 赞美，婚姻的保鲜剂

人们常说，婚姻是需要两个人来共同经营的。其实，婚姻也是需要赞美的。生活中，有阳光就必定有风雨，风雨过后就必定有彩虹；婚姻生活也是一样，几多欢喜，几多忧愁。只要我们在风雨来临时，能够守候那雨后的阳光，婚姻生活就会重新被温暖的光芒照耀。

当然，幸福婚姻的配方说简单也非常简单，那就是：责备爱人一次，就要赞美五次。没有一个人愿意天天被别人骂来打去，每个人喜欢被赞美，渴望赞美乃人性使然。现实中，夫妻关系的破裂，其实大多是从日常生活中的口角开始的。有时候，对方有意无意的一句话，就可能使一对恩爱的夫妻分道扬镳。

譬如，夫妻中，有一方因某件事而严厉地指责了另一方后，另一方因为心里不痛快就会找地方发泄，如果寻找不到机会，就可能会在心里记仇。等到对方也犯了同样的错误时，就会以牙还牙。如此下去，这便成了感情出现裂痕的导火索。下面这个故事就是一个非常典型的例子。

曾经有这样一对夫妻，他们都已经年逾六十。两个人在一起奋斗了几十年，经济条件也是相当不错了，本来应该可以安享退休生活了。可让人匪夷所思的是，他们却办了离婚手续。

办手续的当天，老太太还跟律师抱怨："结婚30多年来，我们两个人争吵不断，我做的每一件事情，在他眼中都是非常糟糕的。即使我做了一件让他如意的事，他也从来不会赞美一句。这些年里，要不是为了孩子着想，我们很可能早就劳燕分飞了。如今，孩子已经成年，不需要父母为他们操劳了。我们也该考虑考虑自己了，为了让彼此能够安享晚年，我们决定离婚。"律师看这对夫妻心意已决，只好帮他们办理了离婚手续。

之后，律师便请这对夫妻吃饭，餐厅里三个人的气氛很是尴尬，不知道该聊些什么话题，于是他们都沉默不语，等待着就餐。这时候，服务生端来第一道菜——烤鸡。那位老先生马上夹起一块肉，送到老太太碗里，说："吃吧，这是你最喜欢吃的鸡腿。"律师看到眼前的这一幕，心里不禁窃喜：看来他们两人还是有希望的。

可没料到的是，老太太竟然放下手中的筷子，眼睛看起来有点湿润。她沉默了一会儿后说："你这个人其他什么地方都很好，但最让我忍受不了的，就是你总爱自以为是，从来不顾及别人的感受。难道你不知道，这辈子我最讨厌吃的就是鸡腿吗？"这时，老先生也有点哽咽地说："你到现在也还是不了解我的心，我时时刻刻都想讨你的欢心。这些年来，我一直想把最好的留给你，可是……你知道吗？这辈子我最喜欢吃的就是鸡腿。"

当天晚上，老先生失眠了，心中阵阵如火燃烧般的痛在折磨着他。他考虑了很久，终于强忍着痛苦打电话给老太太，他想告诉老太太，他是多么爱他。电话响了，老太太知道一定是老先生打来的。但是，倔强了一辈子的她还是没能放下心中的恨，觉得老先生不懂得珍惜她，她再也不想听到他的声音。电话响了许久，老太太就是不肯接。电话还在一个劲地响,最后老太太把电话线都给拔了。老先生握着冰冷的话筒,心中犹如刀割一般,久久无法释怀。

好不容易到了第二天,老太太得知老先生昨晚犯心脏病,死在了自己家客厅,手里还紧握着电话。老太太不敢相信,为了赌气,她竟然让自己深爱的人在心碎中死去,她悔恨至极。当她为老先生整理遗物时,在柜子里发现了一张保险单,上面的投保日期就是他们的结婚日,受益人写的是老太太的名字。在保险单里面还夹着一张字条,上面写着:"亲爱的,当你发现这张保单时,也许我已经不在这人世了,但我爱你的心不会改变……"看到这里,老太太早已哭红了双眼,后悔自己明白得太晚了。

故事中的这位老先生至死都是爱着老太太的。可是,他们最终还是选择了离婚。夫妻两人都有责任。要知道,想要维持一段婚姻实属不易,毕竟婚姻是来自不同成长背景、不同性格的两个人的组合。但是,只要双方懂得经营婚姻,在适当的时候赞美彼此,就不至于发展到离婚的地步。

美国科学家研究得出结论:夫妻之间的感情越好,生活的时间越长,长得就越像对方。这就说明夫妻之间相互存在着很大的影响力。因此,无论何时何地,我们都必须要多多鼓励对方,把她(他)当作一个值得赞赏的对象。虽然我们不能从根本上去改变对方,但却可以从各方面去影响他。

有位哲人曾经说过:"丈夫只要懂得称赞妻子的旧衣漂亮,她就不会吵着买新衣。亲一下她的眼睛,她就会变成瞎子。吻一下她的嘴唇,她就会变成哑巴。"换句话说,妻子只要多称赞一下丈夫的才能,丈夫就会更加努力地工作;丈夫只要温柔地抱妻子一下,妻子就不会怒火冲天。再彪悍的男人,再刚烈的女子,也会在柔情下选择低头的。

可见，唯有赞美，才是婚姻最好的保鲜剂，它可以保你的婚姻、你的爱情十年、二十年、三十年，甚至一生都不变。

4. 夫妻间没有谁输谁赢

人们常说："百年修得同船渡，千年修得共枕眠。"两个原本陌生的人，因为那冥冥之中的缘分走到了一起。从此，两个人共同面对风雨人生，手牵手，一路同行。这是非常难得的，应该倍加珍惜，这个道理似乎谁都懂。但是，夫妻每天朝夕相处，难免会产生一些矛盾。或许本来只是一件芝麻大点小事，但如果两个人都特爱较真儿，非要在一件事情上分出个对错输赢。那么，事情就会越闹越大，甚至发展到难以收场的地步。

一个哲人曾说："在婚姻上，没有你赢我输，只有双赢或双输。"当然，这并不是说，在婚姻里，没有起码的谁是谁非、谁对谁错。而是说，从感情的角度而言，企图分出输赢是不可能的。因为在家庭生活中，有些事情是无法以是非论之，而是靠彼此的感情来调节的。

有一位新婚没多久的男子，因为跟妻子发生了争吵，就去找自己的知心朋友诉说。他愤愤地说："我真的好后悔结婚，没有了自由不说，还要成天面对唠叨个没完的妻子。白天我要忙于工作，已经够累的了，晚上回到家还要继续面对那无休止的争吵，我真的已经筋疲力尽了。"朋友说："你想过你们吵架的根本原因吗？"男子说:"我发现了,你知道的,我是一个不肯轻易服软的人,而她居然和我一样,甚至比我还倔,从来不饶人,所以就没完没了地吵。"朋友继续问道:"那你们每次吵架都是因为什么呢?"男子说:"譬如,她总觉得下班回到家中,就应该要有一个温馨的气氛。她抱怨我每天下班就知道看电视、睡觉……不懂得一点儿浪漫。可是,她又不是不知道,我每天都要上八小时班,回到家已经很疲惫了,哪还有什么兴致去培养温馨气氛呢?如果我不照她的话去做,她就开始没完没了地吵。有时候,她甚至口无遮拦地说我不像个男子汉。最可气的是,她还动不动就举报刊上的一些例子。我忍无可忍了,于是就举身边的例子,想要反驳她。结果争执半天,谁也没能赢得了谁。"朋友听后,拍着他的肩膀说:"既然知道谁都有理,又何必那么执着,去分输赢呢?如果一味地分输赢,终究会两败俱伤。"男子这才释怀了。

可见,夫妻双方在发生矛盾冲突时,一味地争输赢是一件多么愚蠢的事情。两个人因为相爱才走到一起,也就不存在一方轻视另一方,或一方践踏另一方自尊的问题。所以,完全没有必要去争输赢。

我们要以化解一切的态度来对待爱情。一旦双方发生争执时,首先要懂得去珍惜彼此间的感情,而不是把大量的时间浪费在争输赢上。因为要分出你输我赢、你高我低,受伤害的最终是自己。爱情里没有谁是谁非,只要有爱,所有的"问题"都不再是问题了……

5. 婚前睁大眼，婚后眯小眼

近年来，婚恋专家提出了一个较为科学的"睁眼"与"眯眼"的婚姻新概念：当两个人热恋时，需要睁大眼睛，尽可能全方位、多层次、广视角地发现对方的缺点；当两个人结婚后，则需要眯起眼睛，学会包容与宽容对方的缺点与不足。仔细想想，觉得很有道理。

婚前睁大眼，是为了寻找对方的缺点，做出一个理智的选择，而不至于让彼此后悔终身。因为"情人眼里出西施"，都说热恋中的人智商几乎为零，他们的视力也会因为爱恋对方，而变得模糊起来。于是，热恋中的人最容易犯的错误就是"一叶障目，不见泰山"，因为他们已经被眼前的爱情冲昏了头脑。在他们眼中，自己的恋人就是最完美的。殊不知，"金无足赤，人无完人"，不是对方没有缺点，只是自己不愿意去发现对方的缺点与不足，有时候甚至甘愿把对方的不足与缺点当作他深爱的理由。只有结婚之后，才发现对方与自己心目中的配偶形象实在是相去甚远。当然，不是对方变了，也不是对方欺骗了你，而是你在最关键的时刻眯了眼，让你的视力穿透力不足。可见，婚前睁大一双眼睛，就能够多发现对方的缺点。

婚后眯起眼，是因为如果彼此相距得太近，看得也就更透彻。一些以前不了解的性格上的弱点，也就更加明了地展现在面前。这时候，你就需要闭上一只眼，多去感受一下爱人朦胧的美。要知道，夫妻之间只有用宽容去缔造融洽，打造和谐，才不至于心存芥蒂。现实中，为什么有些家庭缺乏和睦，夫妻关系甚是紧张，在很大程度上，都是缘于彼此过分挑剔，对对方过分求全责备。比如，有的人总是强迫对方把多年形成的习惯与爱好都改掉，有的人总是逼迫对方向自己靠拢，包括兴趣爱好、交际圈，等等。如此下去，又怎么会有和睦呢？一味地逼迫对方，只能让彼此长时间地处在失和的氛围中，久而久之，就会让夫妻的矛盾升级，彼此间的摩擦也就扩大化了。可见，婚后学会眯起一双眼睛，才会使夫妻关系由和谐迈向永恒。

美国的一位心理治疗师曾经说过："幸福的夫妻在日常生活中创造了一种活力，来祛除彼此对另一方的消极看法和感受，防止积极的情感和看法被掩盖。"也就是说，幸福的夫妻即使因为对方不守信用，或是经常忘记重要纪念日而感到恼火，也总是能及时地从对方身上发现优点。也正是因为这样，他们才能够选择与对方一起生活。

生活中，也有人认为，婚前要睁开眼，婚后亦得睁开眼。如果真是这样的话，是否会把对方盯得太紧了？虽然人们常说，结婚后的两个人就是一对亲密无间的爱人、亲人。但是，作为一个个体来说，每个人都有着独立的人格，有着自己的个性和空间。因此，婚后眯眼才是更人性的做法，面对自己的配偶，不要总是横挑鼻子竖挑眼，要学会包容对方身上的缺点，才有利于双方感情的维系和发展，这才是正确处理夫妻关系的一种艺术。

6. 示弱成就美好婚姻

现实中，人们都不愿意主动示弱，个个都争强好胜，都不想让别人"小瞧"，而去进行一些无谓的争吵和打斗，以至于到一发而不可收的地步。在婚姻生活中也是如此，夫妻双方难免会因为一些琐事而发生争吵，但是谁也不肯示弱，抱着"你不理我，我也不理你"的态度。久而久之，夫妻双方的关系就会淡下来，甚至于产生更严重的后果。

在工作中，如果你主动向领导、同事示弱，便会赢得领导的认可和同事的支持；在人际交往中，如果你主动向朋友示弱，便可以展示出你博大的胸襟；在家庭中，如果你主动向爱人示弱，便会营造一个幸福美满的家庭。总之，以一副弱者的姿态来对待婚姻，不失为是一个明智的选择，也是人生的一大智慧。

许多人认为，在爱人面前示弱，是一种软弱可欺的表现。其实不然，示弱并不是说你真的就弱了。如果一个人能在爱人面前示弱，不仅能体现出这个人的人品、道德、心胸和修养，还可以衡量出这个人的文化素质和为人处世的方法。

现实生活中，夫妻双方为了争面子，争所谓的一口气，酿下不可挽回的大祸的例子有很多。他们正是因为不懂得示弱，而在发火的一瞬间，失去了亲情，失去了爱情，最后失去了幸福。

家庭不是比高低、争权力的地方，也不是发泄压力和情绪的垃圾桶。如果你觉得累了，可以在爱人面前适当示弱，倾诉下自己心中的委屈和压力，让对方知道你真的需要一点理解和安慰。人心都是肉长的，只要你肯示弱，就会让彼此感觉到更多的关心和呵护。

示弱是一种境界，也是让爱情保鲜的一种绝好方法。不论是男人还是女人，在爱情面前都不要争强好胜，而应该慢慢修炼自己，让自己学会示弱，成就一段美好的婚姻。下面是几招示弱的小技巧：

给彼此留空间。

夫妻生活在一起，要做到不限制彼此的自由，不侮辱对方的人格，要适当地给对方留有自己的空间。夫妻的自我空间应是保持各自的朋友圈，各自的兴趣爱好。再恩爱的夫妻，都需要在心理上有一点自己的空间，以此放松自己的心灵。如果毫无个人的自由空间，时间久了难免会让对方有种被约束的感觉，而有了一种挣脱的想法。

用肢体示弱。

要想主动示弱，肢体语言是一种非常有效的办法。有句话叫"此时无声胜有声"，有时候肢体语言比直接说出来感觉要好得多。例如，在对方下班回来之前，已经为对方准备好了饭菜；当对方很累的时候，默默地为对方沏上一杯热茶……这些"润物细无声"的肢体语言，实际上展示了你对对方的大爱。

创造一个公众场合。

冷战、怄气中的夫妻，如果一方要想改变现状，就要创造一个多人在场的社交场合。比如，你可以邀请自己或配偶的朋友来家中做客，这时候碍于脸面，夫妻间的冷战总要有所掩饰，和好欲望较强的一方便可以趁此机会，与另一方套近乎。再比如，你可以购买两张电影票，告诉他是公司订购的，然后约对方去看一场有关爱情的电影，或是参加一个什么聚会。总之，只要让对方分散注意力，谈论其他事情的同时，就恢复了夫妻"邦交"正常化。

由此可见，聪明的夫妻会想尽一切办法来化解彼此的矛盾，以免火上浇油。正如人们所说："退一步海阔天空。"要知道，夫妻间的情感差别是很大的，毕竟是两个不同背景、不同性格爱好的人生活在了一起。既然如此，夫妻双方就要学会让步，学会宽容，学会正视现实，携手创造出一段幸福美满的婚姻。

7. 学会在爱人面前低头

学会在爱人面前低头，是一种谦逊踏实的品格。学会在婚姻面前低头，是一种智慧。

婚姻，不仅仅需要奉献与呵护，更需要理解与宽容。原本陌生的两个人，因为爱走到了一起，这是一生的缘分。无论以后的路有多么艰难，都应该患难与共，而不应该互相指责、互相伤害；夫妻之间难免会发生争执，当矛盾出现时，应该齐心协力去解决问题，而不应该一味地去争输赢、去赌气，甚至于动用武力。

夫妻之间低头并不跌份，夫妻之间本来就没什么道理可讲，也没有什么输赢可言。争来争去，争的不过是一个面子。只要夫妻间有一方愿意把这个面子给另一方。一方心里舒坦了，自然会对另一方疼爱有加。只要是不违背原则的事，低个头没什么。况且低头并不见得就是在向另一方承认错误。这只是在向对方发出一个和好的信号。

一个夏天的夜晚，时钟敲响第十下的时候，丈夫还没有回来。在家等候许久的妻子有点不耐烦了，索性关了电视，熄了灯，趴在窗户前静静地看着窗外，等待丈夫的回来。可是看了一会儿，妻子觉得眼睛有点酸，于是准备睡觉。可是，在床上躺了大半天，却怎么也睡不着，大脑依然十分清醒。妻子一骨碌爬起来，开始打扫屋子。当她把那只非常精致的陶罐倒过来，想擦拭一下底部时，不料一失手掉在地上，摔成了碎片。她惊呆了，因为这只陶罐可是一个古董，价格不菲，一直被丈夫视为珍宝，没想到自己竟把它摔碎了。妻子想象着丈夫回来时凶巴巴的样子，眼角的泪水忍不住流了出来。她想出去吹吹风、散散心。于是，她顺手拿了一件外套，摸着黑出了家门。

过了一会儿，丈夫醉醺醺地回到家。开门的时候，他还在想：如果妻子脸色不对，我就倒头睡觉；如果妻子脸色不错，我就给她讲讲今晚酒桌上的笑话。可是，丈夫走进屋子，却发现妻子不在家。他在屋里转了一圈，发现了书房里的碎片。顿时间，一股怒火"噌"地升起，他很想当面质问妻子：到底发生了什么事？丈夫蹲下身子，心痛地看着这堆碎片。同时，他看到地上有血迹，他愣住了，难道她的手被划破了？这么晚了，她能去哪儿呢？

正在这时候，妻子从外面回来了，她坦然地直视着丈夫。因为妻子刚才在楼下的小花园里都想好了：如果丈夫要冲她发脾气，她也决不示弱，更严重的她甚至想到过离婚。丈夫看见她，长出了一口气，责怪的话一下子冲到嗓子眼。可是，当他看到妻子有些苍白的脸，他忍住了，仔细想了想后，问："你的手被划破了？这一切都怪我，不该把这个陶罐放在书架上的，早听你的就好了。"听了丈夫的话，她愣住了，慢慢地低下头去，脸上挂满了泪水。丈夫走过来拉住她的手，并找来创可贴帮她贴上。之后，他们两个人便一起收拾书房里的碎片。丈夫一边收拾，一边说："是有点可惜了，不过以后还有机会，到时候我再重新买一个。"

那天晚上，妻子失眠了，翻来覆去怎么也睡不着。后来，她悟出一个道理：学会在爱人面前低头。当你低下头时，对方往往会比你更深地低下去。

在我们每个人的周围，存在着两种人：一种是经常"仰头"的人，一种是适时懂得"低头"的人。拿他们作对比，你就会发现，那些人缘极好、事业最顺、进步最快的人，往往都是懂得低头的人。所以，你要想成为那些人，就必须时时记得低头。

低头，并不是妥协的表现。越王勾践为了完成复仇大计，忍受屈辱，卧薪尝胆，最后得以称雄；关羽假降曹营，忍辱负重，才有了后来的千里走单骑；少年时候的康熙低下了头，最终开创了康熙盛世。可见，他们在低头的那一刻，就坚信一定会有高昂头颅的那一天，所以他们才能够流芳千古。

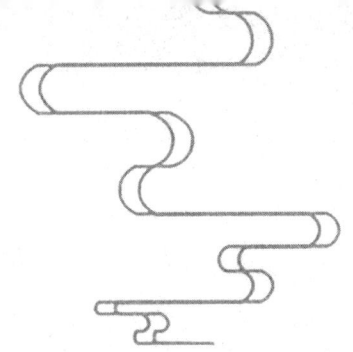

第十一章

广结人缘

——忧他人之忧，乐他人之乐

广结人缘是一个人成功的砝码。获得别人一时的好感很容易，但要永久获得别人的支持却很难。无论做人还是做事，都必须从小事做起，注重每一个细节，精诚专一，才能赢得更多的朋友，胸怀宽厚才能广聚更旺的人气。要想做一个备受欢迎的人，就必须拥有好人缘。

1. 要成人之美，不成人之恶

孔子曾说："君子成人之美，不成人之恶，小人反是。"意思是说，品德高尚的人成全别人的好事，不帮助别人做坏事，小人则相反。这不仅显示出"仁者爱人"和"与人为善"的宽容气度，同时也显出儒家"己欲立，先立人，己欲达，先达人"的博大胸怀。

在人际交往中，要真正做到成人之美，就要学会去关心他人、帮助他人。这种帮助可以说是成人之美，而成人之美的君子行为，都是得人心、受欢迎的。因为学会成人之美，不仅成就了别人，同时也成就了自己。

1969 年，美国有两位宇航员登陆月球，除了大家所熟知的阿姆斯特朗外，还有一位是奥德伦。但现在一般人只知道有阿姆斯特朗，却极少有人知道奥德伦。只因为在登陆月球的那一刻，阿姆斯特朗说了一句话："我个人的一小步，是全人类的一大步。"从此，这句话便成了家喻户晓的名言，而奥德伦的名字却相对地被埋没了。

在庆祝登陆月球成功的记者会中，有一位记者突然访问了奥德伦，并问了他一个很特别的问题："阿姆斯特朗先出太空舱，成为登上月球的第一人，你会不会觉得有点遗憾呢？"在全场有点尴尬的注目下，奥德伦很有风度地说："大家可千万别忘了，当回到地球时，我可是最先出太空舱的，所以我是由别的星球来到地球的第一个人。"奥德伦有趣的回答惹得周围的人们开怀大笑，在笑声中人们都给予了他最热烈的掌声。

这则故事给我们的启示就是：成功不分你和我，一个团队的成功才是每个人的成功。可见，成人之美不但是一个人的修养，更是一种美德。人没有好坏之分，只有美恶之别。

人们常说："不看人待己，只看人待人。"可见，判断一个人的品行，并非要亲自领教一番，只需要观察他对待周围人的态度，就可以有个大致了解。

有些人，善于发现也乐于称赞别人的优点，乐于提携和举荐别人，看到别人的成就会真心地为之贺喜，看到别人的过失也会诚恳地为之惋惜，这就是孔子所说的成人之美之人。

所以说，"君子成人之美，不成人之恶"理应成为我们的座右铭。因为与人为善永远是人与人之间和谐相处的宝贵法典，所以我们要尽可能地向他人提供便利，尽可能地给予他人帮助。

2. 原谅冒犯过你的人

美国内战结束以后，一位将军前来拜访一位肯塔基州的女士。当他见到这位女士的时候，觉得她似乎有什么悲伤之事。将军关切地问："漂亮的夫人，你为什么看起来如此悲伤，在你身上是不是发生了什么事？"女士用伤感的眼神看了将军一眼，然后带他来到她屋前残留下的一棵巨大的老树前。

女士仍然一句话也没说，只是在那里伤心痛哭起来。等到平静了自己的情绪之后，女士才告诉将军说："这棵树在我家门口已经好多年了，可是现在它的树枝和树干却被北方军的炮火毁掉了。"说完之后，她便用期待的目光看着将军，希望能从他那里得到一句谴责北方人的话，或者至少能得到一句同情她的话。

将军沉默了一会儿，说："我亲爱的夫人，你还是把它砍掉吧。只要你看不到它，时间久了自然就会淡忘掉的。"女士听了将军的这番话，微微地点了点头，她明白了：只要天天看见它，她就会忍不住地去想它的损失，也就永远无法跨过这个坎儿。

可见，人与人交往的过程中，总会有冒犯别人或被别人冒犯的时候。如果你被别人冒犯了，这时候你要做的，就是花时间"把树砍倒"，然后忘掉它。你会发现，生活中有很多东西需要砍倒并忘掉，唯有如此，才能够建立起你想要的幸福生活，才能够获得内心平静。所以，得饶人处且饶人。

生活中，我们也不免会遭遇到别人各种各样的伤害和冒犯，我们与其选择"以牙还牙"，而两败俱伤，倒不如冷静地去对待。这既是对别人的一种容忍，也是对自己的一种尊重，何乐而不为呢？

3. 对手给了我们前进的动力

有句话说得好："对手，对手，互相成就。"仔细想想，你就会发现，既然生物的进化需要对手，社会的发展需要对手，那么我们在事业上，更加需要对手。是对手唤醒了我们的竞争意识，是对手给了我们进取的动力，是对手给了我们清醒的头脑。从这个意义上说，善待对手乃是我们事业取得成功不可或缺的一个因素。

一个人如果长期生活在和平、稳定、没有竞争的环境中，他就会因此失去动力和信心。在人生之路上，谁都有可能遇到对手。也正是对手无形的压力，才会逼迫你不断攀升，不断超越自我。所以，我们一定要善待那些曾被我们视作"眼中钉"的对手们，而不要把对手当作自己的死敌。

据说，挪威人都特喜欢吃沙丁鱼，尤其是活鱼。所以，当地的许多渔民为了营生，每天都去海里捕捞沙丁鱼，然后带到岸边去卖钱。可是如何才能将鲜活的沙丁鱼带回岸边呢？这让挪威人伤透了脑筋。因为若是能让它们活着抵港，卖出的价钱就会比死了高出好几倍。但是，几乎没有人能将鲜活的沙丁鱼带回岸边。因为沙丁鱼生性懒惰，又不爱运动，再加上返航的路程又很遥远。所以，渔民捕捞到的沙丁鱼往往到码头时已口吐白沫死了。即使有一些活的，也已经是奄奄一息了。

可令人奇怪的是，有一个年过六旬的渔民，他每天都出海捕捞沙丁鱼，每次返回岸边，他的沙丁鱼总是活蹦乱跳的，这让其他渔民增添了几分羡慕。有一天，一个年轻渔民终于忍不住了，就去请教这个老渔民，问他是不是有什么秘诀。老渔民笑着说："哪有什么秘诀，你只需要在装有沙丁鱼的水槽里放进几条鲇鱼就可以了。"年轻渔民不明白老渔民的用意，接着问道："鲇鱼跟这又有什么关系呢？"老渔民停顿了一会儿，然后把年轻渔民带到了装有沙丁鱼的水槽旁边，指着水槽里的鱼说："你看，鲇鱼是不是在追赶沙丁鱼呀？"年轻渔民点了点头，老渔民继续说："因为鲇鱼跟沙丁鱼非但不是同类，还是出了名的'死对头'。你只要把鲇鱼放进水槽中，它就会去追赶沙丁鱼。而沙丁鱼为了逃生保命，自然会在水中四散乱窜。所以，它们就能够活着到达岸边。"年轻渔民这才恍然大悟。

　　年轻渔民回去之后，就把这个"秘诀"告诉了其他渔民。于是，几乎所有渔民都可以捞到活着的沙丁鱼。没过几年，这个村子便成了一个远近闻名富裕的村庄。

　　从这个故事中我们就能看出，如果一种动物没有了竞争对手，就会变得死气沉沉。同样地，如果一个人没有了竞争对手，就很容易自我满足，最终只会一事无成；如果一个行业没有了竞争对手，就会因为安于现状而一步步走向衰败。所以，不管是作为一个企业、集体还是个人，都不能缺少对手，因为对手是自己的压力，同时也是自己的动力。对手给自己施加的压力越大，由此激发出的动力也就越强，成功的可能性也就越大。

　　也许还有人认为，如果在人生路上没有竞争对手，那我不就是一个胜利者吗？殊不知，正是因为对手的存在，才会让你变得越来越坚强，变得越来越有毅力。因为你为了超过他们，你不敢有一丝怠慢，为此，你付出了更多的努力与汗水。也或许，即使你这样做了还是没能取得成功。但是，你在和对手的对决中，已经获得了成功所必不可少的因素。看这样一则故事：

　　曾经有一位长跑教练，被他训练过的队员，都称他为"神奇教练"。一直以来，他都是一个非常严格的教练，面对自己的队员，他从不心慈手软。"严师出高徒"，他培养出了不少优秀的队员。

　　一次偶然的机会，这个教练被一位校长看中，并把他调到了这所学校，让他训练的项目依然是长跑。为了完成第一个科目，教练要求每位队员今后都跑步来学校，不让他们借助任何交通工具。刚开始队员们都很不乐意，觉得这个教练没有人情味儿。有一个叛逆心很强的队员，根本不乐意听他的，于是他每天都故意放慢速度，很晚才跑到训练地。连续几天都是这样，后来教练打听到，这个队员的家距离训练地并没有那么远。一开始，教练觉得这个队员长跑实在没有什么前途，想劝他去干别的。但是没有想到的是，突然有一天，这个队员竟然提前 20 分钟到了训练地，而其他队员还没有到呢。

教训非常吃惊，于是就问这个队员："今天怎么会这么快到呢？你是不是提前从家里出来的呢？"队员摇了摇头说："没有啊，我一直是那个点出门的。当我经过一段 5 公里的山路时，遇到了一只狼。那只狼恶狠狠地在我后面追，我便拼命地跑，后来终于把那只狼给甩了。"

教练听完，终于明白了：原来这个队员的超常成绩不是因为别的，而是那只狼追赶的缘故。正是这个可怕的敌人，使得他把自己的潜力充分地发挥出来了。

因为有了狼的追赶，这位长跑运动员才有了过人的成绩。可见，有对手的不断追赶、逼迫，人们才会永不懈怠、奋勇前进。在人生道路上，困难、厄运都是自己的对手。如果没有了对手，人们就可能安于现状，潜力也就得不到发挥。可见，没有对手的人生是荒芜的人生。

生活中，许多人都把对手视为眼中钉、肉中刺，恨不得马上让他消失掉。其实，只要仔细一想便会发现，拥有一个强劲的对手，反倒是一种福分。因为只有在面对一个强劲的对手时，你才会有种种危机感，才能激发起旺盛的斗志和充沛的精力，从而发挥出巨大的潜能，创造出优异的成绩。所以，我们应该善待我们的对手，因为对手的存在，我们才能够尽情地展现自己的人生价值。

4. 迁怒别人，惩罚的是自己

在人生的旅途中，自然会遇到各种各样的人和事。每一个人都有自己的喜怒哀乐，表达喜怒哀乐的方式也会不一样。对于一个懂得尊重他人的人来说，在平时的工作或生活中遇到不开心的事时，所表现出来的都是沉着冷静，不迁怒于别人。但也有一些人在面对不如意时，总是怨天尤人，把自己心中的怒气转嫁到别人身上。

譬如，你被公司领导批了，当你正在气头上时，同事来找你说事，你立刻就恼了，冲着他就发了一通火。人家一没招惹你，二没得罪你，却莫名其妙被你骂。迁怒别人的次数多了，周围的人自然会对你敬而远之。所以说，迁怒是在用一个人的错误去惩罚另一个不相关的人。

在现实生活中，通过迁怒的方式，让别人来替你分担你的坏情绪，对于所有人来讲，这都是不公平的。说到底，迁怒别人，最终受伤害的是自己。有这样一个故事：

某一个公司的老板，因为工作上的事心情不好。碰巧在这时候，小刘去老板办公室递交文件。老板正在气头上，看了一下资料之后，就对小刘发了一通火，还指责她根本没有用心去搜集资料，并让她拿回去重新修改。

小刘委屈极了，因为这些文件可是她花了整整一晚上时间赶出来的啊，老板不认真看也就算了，还莫名其妙冲她发火。小刘憋了一肚子气从办公室走出来，刚坐到办公桌前，她的手机就响了，原来是她男朋友打电话过来了。心情极其不好的她拿起电话就开骂："你烦不烦啊，你是不是没事可做啊，你不知道这是上班时间吗……"

小刘的男朋友就这么莫名其妙地也被骂了一顿，他是一名销售人员，前几天去外地办货，结果在半路的时候遇到了小偷，然后跟小偷较量起来，一不小心摔伤了脚，只好请假在家休息。早上女朋友出门时告诉他中午要回家吃饭，但是要买什么菜，他还得打电话跟她商量一下。于是，就有了刚刚那通电话。

小刘的男朋友很生气地走在大街上，他打算自己去餐厅大吃一顿，不管女朋友了。他低着头走着，碰巧走到小刘公司门口时，看到路上有一只流浪狗，还哈着腰向他走来。他没顾虑太多，就朝它狠狠地踢了一脚。这只小小的流浪狗哪经得起他这一脚呢，一下子被踢出了好几米远，痛得它"嗷嗷"直叫。就在这时候，小刘的老板从公司走了出来，流浪狗像是找到了发泄的对象，一下子跳起来，狠狠地咬了他一口……

老板迁怒小刘，小刘转过来迁怒自己的男友，男友又去迁怒流浪狗，而流浪狗呢，正巧又迁怒了那个可恨的老板。一环紧扣一环，从起点出发一下子又回到了起点。

对于我们来说，即使受了天大的委屈，或者情绪非常糟糕，也不要去迁怒别人。为了消除你的怨气，最好的办法是化解自己内心的不平衡。如果你只想着把自己的坏情绪传染给别人，那只会造成更坏的结果。总之，我们做人做事，都要尽量注意不迁怒于别人。

一个周末的下午，有一家人围坐在一起看电视。到了晚饭时间，年轻的妻子问丈夫："晚饭你想吃点什么呢？我去给你做。"可是，她的先生却很不耐烦地说："好烦呀，我跟你结婚这么多年了，我想吃什么你还不知道吗？每次都问我，你不觉得很烦吗？"

　　这位先生正是因为自己不顺心，把气撒到自己妻子身上，这就是一种迁怒行为。当一个人情绪低落时，或多或少都会影响他对待外界的态度。比如，恐惧、暴躁、怀疑、冷漠，甚至于动怒，而这些坏情绪都可能伤害到周围一些无辜的人。

　　所以，在以后的工作或生活中，不管遇到什么不顺心的事，都不要把烦恼和愤怒发泄到别人身上去。

5. 付诸宽容，收获快乐

　　多年前，人们还在靠烧蜂窝煤做饭、取暖。在某一个小区里，每天早上，清洁工人都要拖着一辆装垃圾的大车，摇着铃走进大院。这时候，家家户户都会拎着垃圾出来，然后小心翼翼地倒进垃圾车。

　　在这个大院里住着一对姐妹，这姐妹俩就住在一楼，每天楼上倒垃圾的都要经过她们家，这样难免会有一些煤灰撒在门口。那天，倒垃圾的清洁工又来了，姐姐从外面回来后，看见自家门口又有很多煤灰，因为她每天都要清扫家门口，次数实在是太多了，这一次她终于忍不住了，就破口大骂起来。她骂得很凶，也很难听："到底是哪个王八蛋！既然有本事撒，就应该有本事承认的，有种的就站出来！"

　　住在楼上的那个人听见了，因为他真的已经是很小心了，可还是会有一些煤灰撒出来。本来想忍过去的，可是楼下那个姐姐骂得实在太难听了，他于是跳出来与她对着吵。正吵得热闹时，妹妹也从外面回来了。院子里的人们想：这下可有戏看了，姐妹俩吵一个人。谁知，妹妹看见姐姐在与人吵架，不仅没有帮姐姐吵，反而一个劲地推姐姐回去，说："都是街坊邻居，有什么好吵的？再说了，别人也不是有意的。你有吵的时间，早就将煤灰扫干净了。"

妹妹把姐姐推进屋子后，自己拿出扫帚开始扫起来。周围的人在一旁看着，都称赞她是一个懂事的姑娘。

这虽然是一个既普通又简单的例子，但也讲述了一个道理：如果你能够宽容、体谅别人，不仅能表现出你良好的修养，还能够增添你的魅力。所以，无论遇到什么事，都要学会换位思考，多从别人的角度考虑一下，这样你就更能宽容别人。如果你总是找别人的不是，不懂得宽容别人，实际上就是在自己找罪受。要知道，一个人的心胸有多宽广，他就能赢得多少人的青睐。所以，付出宽容，你将收获无穷。

在如今这个文明的社会中，如果你想得到更多的朋友，就要拥有一颗宽容之心，宽厚待人，宽厚做事。宽容非但不会让你失去什么，反而会让你收获快乐和成功。所以，从你的一言一行开始，修一颗宽容之心。

6. 友情是水，宽容是杯

曾经有一位哲人说："没有宽容，就没有友谊；没有善待，就没有朋友。"可见，宽容和善待是一种无声的力量，是朋友之间一座和谐的桥梁，也是朋友之间一束温暖的阳光。看下面这个感人的故事：

周末的下午，一位年轻的富翁在拥挤的车流中排队，车子在缓缓前行，他开始有一点不耐烦了。当他等红灯的时候，一个衣衫褴褛的小女孩走了过来，轻轻地敲了敲他的车窗后，问："先生，请问您要不要买花？"富翁本来已经够烦了，他刚要破口大骂，但是当他透过车窗看到她只是一个衣衫褴褛的小女孩时，强忍住了心中的怒火，随手递出去五块钱，想尽快打发她走。这时候，绿灯亮了，后面的人开始猛按喇叭，催促他前行。可是，那个小女孩还一个劲地问："先生，请问您喜欢什么颜色的花呢？"富翁这下控制不住了，他非常粗暴地对着小女孩吼道："什么颜色的都可以，现在我只要你快一点就行了！"小女孩听完，很快从一大束花中选了一束递过来，并且十分有礼貌地说："谢谢您，先生。"

当富翁把车开出一小段路后，他有些良心不安了：那个小女孩已经够可怜的了，可我还那样粗暴地冲她吼。再说了她还只是个孩子，刚才我那样无礼地对她，她对我还是那么有礼貌……富翁越想，心里越觉得过意不去。于是，他就把车停靠到路边，下车去追那个小女孩。当小女孩看见富翁时，开心极了，一个劲地问："先生，刚才我为您挑选的那束花，您喜欢吗?"富翁点了点头，还为他刚才的无礼行为向她道了歉。小女孩摇摇头说:"我都已经忘记了，我只记得您买过我的花。"富翁听完，更加觉得羞愧不已，于是又掏出五块钱，让小女孩自己选一束花，送给自己最喜欢的人。小女孩很开心地点了点头，感谢过后就接过了钞票，然后微笑着跑开了。

可是，当那个富翁再回去发动汽车时，却发现车子出了故障，动不了了。一通忙乱之后，他只好决定步行去找拖车帮忙。就在这时候，一辆拖车戛然停在了他的车前。富翁惊喜万分，觉得自己好幸运。拖车司机微笑着向他走过来，说:"先生，您需要帮忙吗?刚才有个小女孩给我十块钱，请我过来看看。对了，他还写了一张纸条，让我转交给你。"

富翁接过纸条打开一看，只见上面工工整整地写着一句话:"这代表一束花。"

这个小女孩的故事着实令人感动。虽然她只是一个衣衫褴褛的孩子，只是靠卖花养活自己，但是她却拥有博大的爱心，宽容的胸怀。

如果一个人拥有宽容，生命就会多一分空间，多一分爱心。不管是谁，都难免会有缺陷和过错，只要你能够做到理解、宽容，就能够解除一切痛苦和矛盾。

我们的生活本来就是苦、辣、酸、甜、咸五味俱全。在生活中，让我们看不惯的事情很多，让我们理解不了的事情也很多。但是，一味地愤世嫉俗，不会改变事态的发展，更不会使关系缓和。而为人宽容，则能够解人之难、补人之过、扬人之长、谅人之短，也能够赢得永久的友谊。